Pilze

Hans W. Kothe

Pilze

Die 100 häufigsten Pilze sicher bestimmen

Weltbild Verlag

Die in diesem Buch gemachten Angaben zur Eßbarkeit und Giftigkeit einzelner Pilze wurden nach bestem Wissen und dem neusten Kenntnisstand gemacht. Da Autor und Verlag aber weder die Sammelgewohnheiten noch mögliche individuelle Unverträglichkeiten des Einzelnen kennen, handelt jeder, der selbst gesammelte Pilze verzehrt, auf eigene Verantwortung. Beachten Sie unbedingt die Hinweise, die in den Kapiteln „Gefährdung durch Giftpilze", „Hinweise zum Sammeln und Verwerten" sowie „Bestimmung von Pilzen", aber auch die Angaben zu den Besonderheiten einzelner Arten, die bei der entsprechenden Beschreibung unter dem Punkt „Bemerkungen" zu finden sind. Und bedenken Sie stets, daß es jedes Jahr wieder tödliche Unfälle durch den Genuß giftiger Pilze gibt, so daß jede Form von Leichtsinn unangebracht ist.

Giftig	Eßbar	Ungenießbar	Achtung

Bildnachweis:
Laux: S. 31, S. 35, S. 37 u., S. 39, S. 41, S. 43 o., S. 45 u., S. 47 u., S. 49 u., S. 51 o., S. 57 o., S. 59, S. 61, S. 63, S. 67 u., S. 69, S. 71 o., S. 73, S. 77 o., S. 79, S. 81 u., S. 83 o., S. 85 u., S. 87, S. 89 o., S. 91, S. 95 u., S. 97, S. 99 u., S. 101 S. 103 u., S. 105 u., S. 107, S. 111, S. 113 u., S. 117, S. 119, S. 121, S. 123 o., S. 127 u., S. 129, S. 131 o., S. 135 o., S. 139
Garnweidner: S. 103 o., S. 109 u.
Hecker: S. 1, S. 2, S. 33, S. 43 u., S. 45 o., S. 49 o., S. 51 u., S. 53 o., S. 57 u., S. 65 u., S. 67 o., S. 71 u., S. 75, S. 81 o., S. 89 u., S. 95 o., S. 105 o., S. 109 o., S. 115 o., S. 123 u. l., S. 125, S. 127 o., S. 133, S. 135 u., S. 137 u.
PhotoPress: S. 37 o., S. 47 o., S. 53 u., S. 55, S. 65 o., S. 77 u., S. 83 u., S. 85 o., S. 93, S. 99 o., S. 113 o., S. 115 u., S. 123 u. r., S. 131 u., S. 137 o.

Die Deutsche Bibliothek – CIP-Einheitsaufnahme

Pilze : die 100 häufigsten Pilze sicher bestimmen / H. W. Kothe.
– Augsburg : Weltbild-Verl., 1998

ISBN 3-89604-617-9

Zeichnungen: Anna Aisenstadt, Augsburg
Umschlagfotos: F. Hecker (Vorderseite, groß: Steinpilz; Rückseite, klein: Birken-Rotkappe); PhotoPress (Vorderseite, klein: Pfifferling); H. Laux (Rückseite, groß: Wiesenchampignon)
Layout und Satz: Gesetzt aus der 8/10 pt Frutiger LightCN von Vera Faßbender, Naturbuch Verlag, Augsburg, nach einem Entwurf von gruppe blau, Offendorf
Reproduktion: Repro Ludwig, A-Zell am See
Druck und Bindung: Druckerei Appl, Wemding
Gedruckt auf umweltfreundlich chlorfrei gebleichtem Papier
Printed in Germany

ISBN 3-89604-617-9

Inhalt

Einleitung

Pilze als ganz normale Lebewesen zu betrachten, fiel den Menschen schon immer schwer. So glaubten die Germanen, Pilze würden ausschließlich dort wachsen, wo dem Pferd des Kriegs- und Totengottes Wotan Schaum aus dem Maul getropft sei; später machte man häufig Hexen, den Teufel, Blitz und Donner oder gar Sternschnuppen für ihr Auftauchen verantwortlich – ein Umstand, der auch in vielen volkstümlichen Namen wie Satans- oder Hexenröhrling zum Ausdruck kommt. Und selbst in der heutigen Zeit, in der die moderne biologische Forschung sich anschickt, auch die letzten Geheimnisse des Lebens zu entschlüsseln, haben die meisten Menschen zu Pilzen noch immer ein recht zwiespältiges Verhältnis.
Hauptgrund dafür ist sicherlich, daß einige Pilze gefährliche und sogar tödlich wirkende Gifte enthalten. Als Beispiel kann der Grüne Knollenblätterpilz gelten, dessen Gift zehnmal effektiver ist als Kreuzottergift. Aber auch das manchmal etwas merkwürdige Aussehen dieser Organismen, oder der Umstand, daß sie regelrecht über Nacht aus dem Nichts auftauchen, hat sicher einiges zur Legendenbildung beigetragen.
Unsicherheiten gab es aber nicht nur im Umgang mit Pilzen, sondern auch bei ihrer Zuordnung zu bestehenden biologischen Einteilungssystemen. So rechnete man die Pilze im Laufe der Jahrhunderte entweder zu den Tieren oder zu den Pflanzen – eine Zeitlang hielt man sie sogar für Zwitterwesen, die ihr Dasein zu bestimmten Zeiten als Pflanze, zu anderen als Tiere fristen. Dank moderner molekularbiologischer Untersuchungsmethoden weiß man aber heute, daß Pilze, neben Tieren, Pflanzen und Mikroorganismen wie Bakterien, eine völlig eigenständige Gruppe bilden: **das Reich der Pilze** (Fungi).
Diese neueren Untersuchungen haben aber gleichzeitig ergeben, daß nicht alle Lebewesen, die man bisher zu den Pilzen gerechnet hatte, auch tatsächlich in diese Gruppe gehören. So sind beispielsweise die sogenannten Schleimpilze (Myxomyceten), deren oft leuchtend gefärbte Fruchtkörper man im Herbst auf Baumstümpfen finden kann, ungeachtet ihres Namens keine Pilze, sondern gehören in die verwandtschaftliche Nähe völlig anderer Organismen. Ähnliches gilt auch für viele andere Gruppen, die traditionell als Pilze bezeichnet wurden, so daß man heute nur noch die **Jochpilze** (Zygomycetes), **Schlauchpilze** (Ascomycetes)und **Ständerpilze** (Basidiomycetes) zu den Echten oder Höheren Pilzen rechnet; die in diesem Buch aufgeführten Arten stammen ausschließlich aus den beiden letztgenannten Klassen.

Pilzstrukturen und ihre Funktion

Auch wenn Pilze etwas anders sind als andere Lebewesen, geht bei ihnen doch alles „mit rechten Dingen" zu, also ohne die Mithilfe von Göttern, Hexen oder Teufeln. Allerdings spielen sich bei den Pilzen – im Gegensatz zu den meisten Pflanzen und Tieren – viele Lebensvorgänge im Verborgenen ab. Und so sind denn auch jene Gebilde, die wir im allgemeinen als Pilz bezeichnen, nur ein kleiner Teil des gesamten Organismus, nämlich die sogenannten **Fruchtkörper**. Wie der Name andeutet, dient dieser ausschließlich dazu, die „Früchte" der Pilze, die **Sporen**, die sich in ihrer Funktion mit den Samen der Pflanzen vergleichen lassen, zu verbreiten und damit für den Fortbestand der jeweiligen Art zu sorgen. Alle übrigen Lebensfunktionen übernimmt der in der

Regel viel größere, aber nicht sichtbare Teil des Pilzes, das **Myzel**, das im Boden oder beispielsweise auch im Holz, auf dem der Pilz wächst, verborgen ist. Das Myzel ist wiederum ein Geflecht aus einzelnen „Schläuchen", den sogenannten **Hyphen**, die einen Durchmesser von wenigen Mikrometern (1 Mikrometer = 1/1 000 mm) haben, dafür aber viele Meter lang sein können. Ein derart ausgedehntes Hyphengeflecht ist in vielen Fällen notwendig, weil Pilze, im Gegensatz zu den Pflanzen, nicht in der Lage sind, mit Hilfe des Sonnenlichts aus Wasser, Kohlendioxid und Mineralsalzen ihre zum Leben benötigten Nährstoffe selbst herzustellen. Vielmehr ernähren sich Pilze **parasitisch** oder **saprophytisch**, d.h., sie befallen als Schmarotzer lebende Pflanzen bzw. Tiere, oder sie gewinnen die zum Leben notwendigen Stoffe durch Zersetzung abgestorbener organischer Substanzen. Bei dieser mühsamen Suche nach Nährstoffen müssen Pilze oft große Areale durchwachsen, so daß sehr lange Hyphen notwendig sind. Die Ausmaße einer solchen Ausdehnung hat erst kürzlich eine Untersuchung in den Vereinigten Staaten ergeben, bei der sich herausstellte, daß die Hyphen eines einzigen Hutpilzes ein Gebiet von rund 15 Hektar besiedeln und ein geschätztes Gewicht von etwa 10 000 kg erreichen können. Damit gehören Pilze zu den größten Lebewesen der Erde.
Fruchtkörper werden normalerweise nur gebildet, wenn die Bedingungen für die Ausbreitung und Keimung der Sporen besonders günstig sind, also zumeist im windigen und feuchten Herbst. Und damit der Wind die Sporen auch gut forttragen kann, muß der Fruchtkörper, der übrigens ebenfalls aus einzelnen, sehr eng miteinander verflochtenen Hyphen besteht – zum Glück für die Sammler – aus dem sicheren Schutz des Waldbodens herausgeschoben werden. (Wie immer gibt es auch hier Ausnahmen, etwa die berühmte Trüffel, bei der sich der gesamte Lebenszyklus unter der Erde vollzieht, so daß diese Pilze durch Geruchsstoffe Insekten anlocken müssen, die dann in den Boden kriechen und für die Verbreitung der Sporen sorgen.)
Wie bereits angedeutet, unterscheidet man innerhalb der Echten Pilze drei verschiedene Klassen, die Jochpilze (Zygomycetes) – eine Gruppe zumeist mikroskopisch kleiner Pilze, auf die hier nicht weiter eingegangen werden soll – die Schlauchpilze (Ascomycetes) und die Ständerpilze (Basidiomycetes). Trennen lassen sich diese Gruppen anhand der unterschiedlichen Art der Sporenbildung. So bilden die Ascomyceten ihre Sporen im Inneren von speziellen Schläuchen, den sogenannten **Asci** (Sing. Ascus), während die Sporen der Basidiomyceten außen an besonders geformten Zellen, den **Basidien**, entstehen. Von den in diesem Buch aufgeführten Großpilzen gehören die waben- oder hirnartig gewundenen Lorcheln *(Gyromitra, Helvella)* und Morcheln *(Morchella)* sowie die Orangebecherlinge *(Aleuria)* mit ihren kelchförmigen Fruchtkörpern zu den Ascomyceten, während alle anderen Arten zu den Basidiomyceten gerechnet werden.
Innerhalb der Basidiomyceten lassen sich dann noch weitere Gruppen unterscheiden. Die größte unter ihnen ist die Ordnung der **Blätterpilze** (Agaricales), bei denen die sporenbildenden Basidien zwischen den **Lamellen** (auch Blätter genannt) an der Hutunterseite entstehen. Zu den Blätterpilzen gehören Champignons, Knollenblätterpilze und viele andere Arten. Die zweite wichtige und vielleicht noch bekanntere Gruppe sind die **Röhrlinge** (Boletales), bei denen die Basidien in den Röhren auf der Hutunterseite sitzen. Typische Röhrlinge sind der Steinpilz, der Maronenröhrling oder der Butterpilz. Daneben gehören zu den Basidiomyceten aber noch eine Reihe weiterer Ordnungen, etwa die **Stachelinge und Ziegenbärte** (Cantharellales), die anstelle

von Lamellen oder Röhren vielfach gegabelte Leisten oder Stacheln besitzen, und von denen der Pfifferling sicher der bekannteste Vertreter ist, oder die in der Unterklasse Gasteromycetidae zusammengefaßten **Bauchpilze**, zu denen beispielsweise die Boviste und Stäublinge gehören und von denen in diesem Buch ebenfalls einige Arten aufgeführt sind.

Die ökologische Rolle der Pilze

Dank ihrer Fähigkeit zur Photosynthese sind Pflanzen bekanntlich die Grundlage allen irdischen Lebens, denn sie dienen nicht nur als Nahrung für viele Tiere, sondern erzeugen im Rahmen ihres Stoffwechsels auch den für andere Organismen lebensnotwendigen Sauerstoff. Insgesamt wird durch pflanzliches Wachstum jährlich eine Biomasse von etwa 100 Milliarden Tonnen produziert, die natürlich irgendwann wieder abgebaut und in den Stoffkreislauf der Natur zurückgeschleust werden muß, damit dieser nicht zum Stillstand kommt. Am Abbau dieser gewaltigen Menge organischer Substanz sind in erster Linie Bakterien und Pilze beteiligt, wobei man nicht genau weiß, wie groß der jeweilige Anteil der beiden Organismengruppen an den einzelnen Prozessen ist. Fest steht jedoch, daß Pilze bei der Zersetzung von Holz die entscheidende Rolle spielen, und damit zu einem nicht unbeträchtlichen Teil an der Umsetzung der pflanzlichen Biomasse beteiligt sind.

Wie jeder weiß, bestehen die Stämme von Bäumen größtenteils aus verholzten Zellen. Diese haben durch die Einlagerung von Lignin eine so große Festigkeit erreicht, daß sie ein stabiles Stützgewebe bilden können, wodurch es vielen Bäumen ermöglicht wird, zu wahren Riesen heranzuwachsen. Lignin ist eine braune Substanz aus Phenylpropanen und macht neben der Zellulose den größten Teil der pflanzlichen Biomasse aus. Stirbt ein Baum ab, dann sind in seinem Holz oft tonnenweise wertvolle Substanzen enthalten, die andere Pflanzen eigentlich gut gebrauchen könnten. Allerdings benötigen Pflanzen ihre Nährstoffe in Form anorganischer Bestandteile, d.h., sie können hochmolekularen Substanzen wie Zellulose oder Lignin nicht direkt aufnehmen. Dafür gibt es aber unter den Pilzen zahlreiche Arten, die sich entweder von farbloser Zellulose ernähren (dabei bleibt das braune Lignin zurück, so daß man von **Braunfäule** spricht), oder sowohl Zellulose als auch Lignin verwerten können und dabei nur noch stark aufgehellte Holzreste zurücklassen (ein solcher Abbau wird als **Weißfäule** bezeichnet). Zum Glück für die Pflanzen und damit für das gesamte Ökosystem der Erde, dient diese Zersetzung aber nicht nur der Ernährung der Pilze, sondern es werden außerdem zahlreiche niedermolekulare Substanzen frei, die dann von den Pflanzen wieder aufgenommen werden können, so daß der Stoffkreislauf nicht zum Stillstand kommt.

Pilze spielen für den Gesamthaushalt der Natur aber auch noch in anderer Hinsicht eine wichtige Rolle, nämlich in Form der sogenannten **Mykorrhiza-Symbiose**. Dabei handelt es sich um eine Lebensgemeinschaft zum gegenseitigen Nutzen, die viele Pilze mit bestimmten Pflanzen eingehen (Mykorrhiza bedeutet in der Übersetzung übrigens nichts anderes als „Pilzwurzel" – eine recht gelungene Bezeichnung, wie wir gleich sehen werden). Der Grund für das enge Zusammenleben zwischen den Pilz- und Pflanzenpartnern wird bei näherer Betrachtung leicht verständlich: Zahlreiche Pflanzen, darunter auch eine Reihe von Bäumen, sind nicht in der Lage, ihre lebensnotwendigen

Nährstoffe aufzunehmen, wenn deren Konzentration im Boden sehr niedrig ist. Die meisten Pilze reichern dagegen Mineralien und Nährstoffe auch dann noch problemlos an, wenn diese nur in geringen Mengen im Boden vorhanden sind, so daß sie ihren Pflanzenpartner mit den benötigten Substanzen versorgen können. Allerdings tun sie das nicht umsonst, sondern bekommen im Gegenzug lebensnotwendige organische Verbindungen, die Pflanzen dank ihrer Fähigkeit zur Photosynthese in großen Mengen herstellen können. Oft geht ein und derselbe Pilz im Rahmen dieser Symbiose sogar Verbindungen mit mehr als einem Baumpartner ein, so daß große Areale eines Waldbodens von einem dichten, zusammenhängenden Hyphennetz durchzogen sind. Insgesamt gibt es viele Tausend verschiedene Pilzarten, die zu einer solchen Symbiose befähigt sind, darunter auch zahlreiche unserer Speisepilze, etwa Goldröhrling, Pfifferling oder Steinpilz. Manchmal läßt sich das auffällige gemeinsame Auftreten von Baum- und Pilzarten sogar am Namen erkennen, beispielsweise beim Birkenpilz. Wird die normale Mykorrhizierung durch äußere Umstände herabgesetzt, ist in vielen Fällen eine Verschlechterung des Wachstums oder gar ein Absterben der betroffen Pflanzen zu beobachten. Daher vermutet man, daß eine Schädigung der Mykorrhiza-Symbiose auch beim gefürchteten Waldsterben eine nicht unwesentliche Rolle spielt, denn gerade die stark in Mitleidenschaft gezogenen Baumarten wie Buche, Eiche, Fichte oder Kiefer gehören zu den stark mykorrhizierten Gehölzen.

Gefährdung durch Giftpilze

Alljährliche Zeitungsmeldungen über tödliche Unfälle durch Giftpilze lassen den Schluß zu, daß die Gefahren, die mit dem Sammeln und dem Verzehr von Pilzen verbunden sind, immer noch nicht deutlich genug in das Bewußtsein vieler Menschen vorgedrungen sind. Daher erscheint es notwendig, auch an dieser Stelle noch einmal eindringlich auf das Risiko hinzuweisen, das der Verzehr selbst gesammelter Pilze mit sich bringt. Eigentlich ist die Wahrscheinlichkeit, sich mit Giftpilzen umzubringen, nicht einmal besonders groß, denn von den rund 6000 in Europa beheimateten Großpilzen gelten nur etwa 180 als giftig oder giftverdächtig, und von diesen enthalten nur wenige ein für den Menschen lebensgefährliches Toxin. Um so erstaunlicher ist, daß es, trotz aller Warnungen, auch heute noch in jedem Herbst zu tödlichen Unfällen durch Pilze kommt. Dabei weiß man schon seit vielen Jahrhunderten, daß man um bestimmte Pilze besser einen großen Bogen macht, denn erste Angaben zur Eßbarkeit und Giftigkeit verschiedener Pilze finden sich bereits bei den Gelehrten der Antike. Von der Ursache der Toxidität machte man sich damals allerdings noch recht eigenartige Vorstellungen. Die vorherrschende Meinung war, Pilze würden ihre giftigen Eigenschaften durch äußere Einflüsse erhalten, also etwa dadurch, daß sie in der Nähe giftiger Kräuter wuchsen oder neben rostigen Nägeln und faulenden Lumpen. Weit verbreitet war auch die Vorstellung, Giftschlangen könnten etwas mit der Ungenießbarkeit von Pilzen zu tun haben, so daß man sich vor denen hütete, die in der Nähe von Schlangenlöchern wuchsen.
Erst Ende des 18. Jahrhunderts fand man heraus, daß die Giftigkeit von Pilzen eine unveränderliche Eigenschaft bestimmter Arten ist, äußere Umstände also keine Rolle spielen. Etwa zu dieser Zeit begann man auch, die ersten Pilzgifte zu untersuchen und zu charakterisieren; genaue chemische Analysen wurden allerdings erst in unserem

Jahrhundert durchgeführt. Dennoch konnte man trotz der heute vorhandenen Möglichkeiten bisher nur einen Bruchteil aller Pilztoxine chemisch analysieren und identifizieren. Das liegt einmal an der zumeist recht komplizierten Struktur vieler Pilzgifte, aber auch daran, daß jedes Exemplar zumeist nur geringe Mengen der giftigen Substanz enthält. Bei vielen Arten ist außerdem ein relativ komplexes Gemisch von Giften vorhanden, in dem die einzelnen Komponenten oft auch noch in veränderlichen Mengen vorkommen. Daher sind unsere Kenntnisse der Pilztoxine weiterhin sehr gering, und auch die Behandlungsmöglichkeiten nach einer Pilzvergiftung können noch lange nicht als optimal bezeichnet werden.

Todesfälle sind hierzulande in erster Linie auf Knollenblätterpilzarten zurückzuführen, und hier besonders auf den häufigen Grünen Knollenblätterpilz *(Amanita phalloides)*, der im Volksmund auch „Grüner Mörder" genannt wird. Gelangen diese Pilze in den Kochtopf, ist die höchste Alarmstufe angesagt: Schon die Menge von 50 Gramm Frischgewicht reicht aus, um einen Erwachsenen zu töten. (Die tödliche Dosis des Giftes liegt bei etwa 0,1 Milligramm, also 1/10 000 Gramm Gift pro Kilogramm Körpergewicht.) Besonders gefährdet sind Kinder, bei denen sich Gifte aufgrund des geringeren Körpergewichts normalerweise viel stärker auswirken. Daher sollte man Kinder nur dann an einer Pilzmahlzeit teilnehmen lassen, wenn man beim Bestimmen von Pilzen eine ausreichende Sicherheit erlangt hat.

Um einen Überblick über das Vergiftungsrisiko durch Pilze zu geben, sind auf den folgenden Seiten die hauptsächlichen Pilzgifte und ihre Wirkungen kurz behandelt. Es ist ratsam, diesen Teil sorgfältig zu lesen und sich das Risiko, das mit dem Sammeln und Essen von Pilzen verbunden ist, jedes Mal, wenn man sich auf die „Pilzjagd" macht, erneut zu verdeutlichen.

Knollenblätterpilzvergiftung (Phalloides-Syndrom)

Knollenblätterpilze, und hier besonders der Grüne Knollenblätterpilz *(Amanita phalloides)*, sind für etwa 90 bis 95 Prozent aller tödlich verlaufenden Unfälle mit Giftpilzen verantwortlich. Verursacht wird die Knollenblätterpilzvergiftung durch unterschiedliche Toxine, von denen allerdings nur die Gruppe der Amanitine – benannt nach dem Gattungsnamen *(Amanita)* der Knollenblätterpilze – wirklich gefährlich sind. Die Wirkung dieser Gifte besteht darin, daß ein für jede Zelle lebenswichtiges Enzym, die RNA-Polymerase, geschädigt wird. Geschieht das, dann kann ein lebenswichtiger Prozeß des biologischen Zellstoffwechsels, nämlich die Informationsübertragung zwischen der DNA (auf der DNA, Abkürzung für Desoxyribonukleinsäure, sind sämtliche Erbinfomationen gespeichert) und den Orten der Proteinsynthese, an denen Enzyme und andere lebensnotwendige Eiweiße synthetisiert werden, nicht mehr stattfinden. Die Folge ist, daß die Zelle unwiderruflich stirbt.

Geschädigt wird bei einer Amanitinvergiftung hauptsächlich die Leber, in die das Gift über den Dünndarm und die Pfortader gelangt. Besonders verhängnisvoll wirkt sich dabei aus, daß das Gift anschließend aber nicht wirkungslos wird, sondern wieder in den Darm und von dort erneut in die Leber gelangt. Damit beginnt ein tödlicher Kreis-

lauf, bei dem immer mehr Leberzellen absterben, bis es, ohne ärztliche Behandlung, nach vier bis sieben qualvollen Tagen schließlich zu einem Leberversagen kommt.
Der genaue Ablauf einer Knollenblätterpilzvergiftung läßt sich in vier Phasen unterteilen: Am Anfang steht eine Latenzzeit von 6–24 (in Ausnahmefällen bis zu 48) Stunden. (Mit Latenzzeit ist der Zeitraum gemeint, der vergeht, bis die ersten Vergiftungssymptome nach dem Verzehr der Pilze sichtbar werden.) Danach kommt es zumeist zu kolikartigen Bauchschmerzen und starken, länger anhaltenden Durchfällen sowie zu Erbrechen und Blutdruckabfall. Diese Phase dauert etwa 12–24 Stunden an, manchmal aber auch 2–4 Tage. Anschließend tritt eine scheinbare, aber trügerische Besserung ein, die ebenfalls bis zu 24 Stunden andauern kann. Zu diesem Zeitpunkt läßt sich zumeist schon eine Leberschädigung feststellen, die sich während der letzten Phase dann rapide verschlimmert. Deutlich wird das an einer Gelbfärbung der Haut, einer vergrößerten, druckempfindlichen Leber und oft auch Bewußtseinsstörungen, bevor es in schweren Fällen dann nach 4–7 Tagen schließlich zum Tod durch Leberkoma kommt.
Selbstverständlich muß bei den ersten Anzeichen einer Vergiftung sofort ärztliche Hilfe in Anspruch genommen werden. Allerdings gibt es bei Knollenblätterpilzvergiftungen immer noch keine absolut wirksame Behandlungsmethode, so daß man alle Pilze, die ein Phalloides-Syndrom verursachen können, genau kennen sollte.

Knollenblätterpilzvergiftungen werden durch folgende Arten verursacht:
Grüner Knollenblätterpilz *(Amanita phalloides)*
Kegelhütiger Knollenblätterpilz *(Amanita virosa)*
Kleine Schirmlinge, z. B. der Kastanienbraune Schirmling *(Lepiota castanea)*
Einige Häublinge, z. B. der Nadelholzhäubling *(Galerina marginata)*

Vergiftungen durch dem Pantherpilz, Amanita pantherina (Pantherina-Syndrom) und den Fliegenpilz, Amanita muscaria.

Neben den Knollenblätterpilzen und anderen, Amanitin enthaltenden Arten, gibt es aber noch eine Reihe weiterer Pilze, vor denen man sich ebenfalls sehr in acht nehmen muß. Einer von ihnen ist der Pantherpilz *(Amanita pantherina)*, durch den es von Zeit zu Zeit immer wieder einmal zu tödlichen Vergiftungen kommt, vor allen Dingen deswegen, weil er eine große Ähnlichkeit mit dem eßbaren Perlpilz *(Amanita rubescens)* und dem ebenfalls eßbaren Gedrungenen Wulstling *(A. exelsa)* hat.
Wie an dem wissenschaftlichen Namen unschwer zu erkennen ist, gehört der Pantherpilz in dieselbe Gattung wie der gefürchtete Grüne Knollenblätterpilz *(Amanita phalloides)*, enthält aber völlig andere Giftstoffe, nämlich Ibotensäure, Muscimol, Muscazon und vermutlich noch eine Reihe weiterer Toxine, wobei der Gehalt an Giften, je nach Standort, stark variieren kann. Die Symptome einer Vergiftung durch den Pantherpilz

sind einem Alkoholrausch nicht unähnlich. Sie setzen zumeist schon nach einer Latenzzeit von 30 bis 120 Minuten ein und beginnen mit Mattigkeit, Schwindel sowie Gehstörungen. Danach kommt es, je nach Stimmungslage, zu Depressionen oder Angstzuständen bzw. zu Euphorieausbrüchen oder einem Glücksrausch. Die Symptome können sich dann bis zu Schrei-, Wein- und Tobsuchtsanfällen steigern, aber auch zu Lach- oder Tanzorgien führen; außerdem wird über Halluzinationen berichtet und davon, daß den Vergifteten das Persöhnlichkeits- und Zeitgefühl verloren geht. Begleitet sind die psychischen Veränderungen oft von Kopfschmerzen, Erbrechen, Gliederzucken, Ohrensausen, Gliederstarre, spontanem Abgang von Urin, Sehstörungen, Magen- und Leibschmerzen sowie Durchfall. Bei leichteren Vergiftungen folgt dann meist ein langer Schlaf von bis zu 15 Stunden; in schwereren Fällen kommt es zu einer tiefen Bewußtlosigkeit, die mit Kreislaufversagen und Atemstillstand enden kann. Auch bei einer Vergiftung durch den Pantherpilz muß unverzüglich ein Arzt aufgesucht werden, der die Giftmenge im Körper durch Beseitigung der Pilzreste aus dem Magen-Darm-Trakt (Abführ- und Brechmittel, Magensonde, Verabreichung von Aktivkohle etc.) verringert.
Vom Fliegenpilz, der in der Vorstellung der meisten Menschen zum unverzichtbaren Handwerkszeug von Hexen und Zauberern gehört, sind ebenfalls tödliche Vergiftungen verbürgt, wobei der Verlauf einer Vergiftung durch diesen Pilz aber zumeist weniger schwerwiegend ist als beim Pantherpilz. Dazu kommt, daß der Fliegenpilz praktisch schon jedem Kind bekannt ist und in Mitteleuropa auch keinen wirklichen Doppelgänger hat. Symptome und Behandlungsmöglichkeiten sind bei einer Vergiftung durch Panther- und Fliegenpilze praktisch identisch.

Vergiftung durch Rißpilze, Trichterlinge und Helmlinge (Muscarin-Syndrom)

Lange Zeit galt der Fliegenpilz auch als Verursacher der sogenannten Muscarin-Vergiftung, bis man herausfand, daß er dieses Gift nur in sehr geringen Mengen (0,0002– 0,0016 Prozent) enthält, während sich beispielsweise beim Ziegelroten Rißpilz *(Inocybe patouillardi)* eine bis zu dreihundertsechzigmal höhere Menge nachweisen läßt. Da es sich beim Muscarin um ein Nervengift handelt, treten die typischen Symptome – kalter Schweiß, Übelkeit, Pupillenverengung, Sehstörungen, niedriger Blutdruck, langsamer Puls, Atemnot, Bauchkoliken und Erbrechen – zumeist schon sehr schnell (wenige Minuten bis zwei Stunden) nach dem Genuß der Pilze auf.
Die Vergiftungssymptome sind darauf zurückzuführen, daß Muscarin eine große strukturelle Ähnlichkeit mit Acetylcholin hat, einer Substanz, die im menschlichen Körper zur Übertragung von Nervenimpulsen genutzt wird. Ißt man giftige Rißpilze, befinden sich plötzlich große Mengen des acetylcholinähnlichen Stoffes im Körper, so daß es zu Nerven- oder Drüsenreizungen kommt, für die in Wahrheit kein äußerer Anlaß besteht. Erschwerend kommt hinzu, daß Muscarin – im Gegensatz zum Acetylcholin – nicht durch körpereigene Enzyme abgebaut werden kann, so daß es Dauererregungen verursacht, etwa im Bereich des Darmes oder der Schweißdrüsen. Die Folge sind Krämpfe und anhaltende Schweißausbrüche. Unter Umständen kann es durch diese Überfunktionen sogar zu einem Lungenödem oder zu Herzversagen kommen.

Muscarin-Vergiftungen werden durch folgende Arten verursacht:
Kegeliger Rißpilz *(Inocybe fastigata)*
Weißer Rißpilz *(Inocybe fibrosa)*
Erdblättriger Rißpilz *(Inocybe geophylla)*
Ziegelroter Rißpilz *(Inocybe partouillardi)*
Wachsstieliger Trichterling *(Clitocybe candidans)*
Feldtrichterling *(Clitocybe delbata)*
Weißer Anistrichterling *(Clitocybe fragrans)*
Ranziger Trichterling *(Clitocybe phaeophthalma)*
Bleiweißer Trichterling *(Clitocybe phyllophila)*
Rinnigbereifter Trichterling *(Clitocybe rivulosa)* und andere kleine Trichterlinge
Schwarzgezähnter Helmling *(Mycena pelianthina)*
Rettichhelmling *(Mycena pura)*
Rosa Helmling *(Mycena rosea)*

Vergiftungen durch die Frühjahrslorchel, *Gyromitra esculenta* (Gyromitrin-Syndrom)

Die Frühjahrslorchel *(Gyromitra esculenta)* galt lange als eßbar, bis man entdeckte, daß ihr Genuß oft zu ernsthaften und sogar tödlichen Vergiftungen führt. Verursacht werden diese durch ein Gift namens Gyromitrin, das starke Schädigungen des Nervensystems oder der Leber bewirken kann. Besonders gefährdet sind in diesem Zusammenhang Kinder, bei denen oft schon eine Menge von 10–30 mg zum Tode führt (in 1 kg Frischpilzen sind bis zu 1 500 mg Gyromitrin enthalten).
Daß diese Art früher als ungiftig galt, läßt sich bereits an der unterschiedlichen Namensgebung erkennen. So nennt man den Pilz nicht nur Frühjahrs-, sondern auch Speiselorchel, und der wissenschaftliche Artname „esculenta" bedeutet ebenfalls eßbar. Leider wird die Frühjahrslorchel auch heute noch in vielen Bestimmungsbüchern nicht deutlich genug als Giftpilz gekennzeichnet. Zwar wird ihr Genuß in der neueren Literatur nicht mehr direkt angeraten (auch der Verkauf dieser Pilze ist inzwischen gesetzlich untersagt), aber man findet dennoch oft genug Angaben, in denen es heißt, der Pilz sei getrocknet ungiftig, junge Exemplare seien eßbar, oder die Giftigkeit der Frühjahrslorchel sei nicht unbestreitbar bewiesen.
Daß die Giftigkeit der Frühjahrslorchel so umstritten ist, hat verschiedene Gründe: Zunächst einmal scheint der Gehalt an Gyromitrin in einzelnen Exemplaren recht unterschiedlich zu sein. Bei Untersuchungen konnte festgestellt werden, daß einige Pilze fünf- bis sechsmal mehr Gift enthielten als andere. Außerdem ist Gyromitrin in Wasser löslich, so daß bei der Zubereitung ein Teil des Giftes eliminiert wird. (Dennoch ist Abkochen keine absolut verläßliche Methode, das Gift vollständig zu entfernen!) Zu weiteren Schwankungen kommt es dadurch, daß Gyromitrin eine sehr flüchtige Substanz ist, so daß vermutlich auch beim Trocknen der Pilze ein Teil des Giftes entweicht. Allerdings gibt es auch hier keine Gewähr für eine Entgiftung der Frühjahrslorchel durch Trocknen!

Wem der Appetit auf diese Pilze bisher noch nicht vergangen ist, dem sei gesagt, daß sich das Gyromitrin bei mehrfachem, aufeinanderfolgendem Genuß der Frühjahrslorchel im Körper anreichern kann, und daß einige Abbauprodukte des Giftes, die bei der Verdauung im Darmtrakt entstehen, als stark krebserregend gelten. Außerdem ist dieser Pilz verdächtig, eine bestimmte Allergieform zu verursachen (vgl. Paxillus-Syndrom, S. 14/15), so daß sehr eindringlich davor gewarnt werden muß, diesen Pilz zu verwerten.

Pilzvergiftungen in Zusammenhang mit Alkohol (Antabus-Reaktion)

Eine recht ungewöhnliche Form der Vergiftung kann beim Verzehr bestimmter Pilze und gleichzeitigem Genuß von Alkohol auftreten. Das bekannteste Beispiel für dieses Phänomen ist der Faltentintling *(Coprinus atramentarius)*, es gibt aber auch andere Arten, die mit Vorsicht zu genießen sind (s. u.). Wird kurz vor, während oder auch einige Zeit nach der Pilzmahlzeit (bis zu einigen Stunden) Alkohol getrunken, kommt es bereits wenige Minuten später zu einer deutlichen Rötung der Haut; weitere Symptome sind Schweißausbrüche, Schwindel, Atemnot, Angstzustände, Herzrhythmusstörungen und ein Absinken des Blutdrucks bis hin zum Kollaps.

Der Grund für diese Reaktion ist eine sogenannte Aldehyd-Vergiftung, die dadurch zustandekommt, daß das Pilzgift, das sogenannte Coprin, den normalen Alkoholabbau auf der Stufe des Acetaldehyds unterbricht. Dadurch kann der Alkohol nicht vollständig aus dem Körper entfernt werden und es kommt zu den genannten Symptomen.

Bekannt ist dieses Phänomen auch als Antabus-Reaktion, wobei der Begriff Antabus auf ein Medikament zurückgeht, das bei Alkoholentziehungskuren zur Anwendung kommt, und dabei vergleichbare Symptome hervorruft.

Antabus-Reaktionen werden durch folgende Arten verursacht:
Faltentintling *(Coprinus atramentarius)*
Fuchsräude-Tintling *(Coprinus alopecia)*
Verdächtig sind:
Schopftintling *(Coprinus comatus)*
Glimmer-Tintling *(Coprinus micaceus)*
Netzstieliger Hexenröhrling *(Boletus luridus)*
Grünling *(Tricholoma equestre)*
Weißer Rasling *(Lyophyllum connatum)*

Vergiftungen durch den Kahlen Krempling, *Paxillus involutus*, (Paxillus-Syndrom) und andere allergieverursachende Pilze

Der Verzehr des Kahlen Kremplings, der früher ebenfalls als eßbar galt, kann, wie man heute weiß, sogar zu zwei unterschiedlichen Formen körperlicher Schädigung führen. Zum einen gehört er zu den Verursachern des Gastrointestinalen Pilzsyndroms (vgl.

S. 15/16); viel gefährlicher ist allerdings die Tatsache, daß bei einigen Menschen nach häufigerem Genuß dieses Pilzes eine Allergie ausgelöst wird. In diesem Fall stuft der menschliche Organismus eine Substanz des Kahlen Kremplings als körperfremd ein und bildet Antikörper gegen den unerwünschten Stoff. Wird der Pilz häufiger verzehrt, kann es zu einer Überreaktion auf den Antigen-Antikörper-Komplex kommen, nicht selten verbunden mit einem Zerfall der roten Blutkörperchen. Erkennbar wird diese Zerstörung an häufigem Erbrechen, Durchfall, Bauchkoliken und Nierenschmerzen; im schlimmsten Fall kann es zu sogar zu Nierenversagen kommen. Daher kann vor dem Genuß dieses Pilzes, wie auch anderen, als verdächtig geltenden Arten, nur ausdrücklich gewarnt werden. Allerdings ist das Paxillus-Syndrom nicht die einzige Allergieform, die durch Pilze ausgelöst wird. Bei entsprechender Veranlagung können bei einem sensibilisierten Körper auch andere Pilzsubstanzen Allergien hervorrufen, die sich dann beispielsweise in Form von Asthmaanfällen, Kreislaufproblemen, Ausschlägen, Durchfall etc. äußern. Ein bekanntes Phänomen dieser Art ist die sogenannte Pilzzüchterlunge, bei der es durch Einatmen größerer Sporenmengen, z. B. beim Ernten von Zuchtpilzen, zu allergischen Reaktionen kommt, häufig verbunden mit Fieber, Schwindel, Muskelschmerzen, Müdigkeit und Husten.

Antigen-Antikörper-Reaktionen werden durch folgende Arten verursacht:
Kahler Krempling *(Paxillus involutus)*
Butterpilz *(Suillus luteus)*
Im Verdacht steht:
die Frühjahrslorchel *(Gyromitra esculenta);* vermutlich gibt es aber noch weitere Arten, die das Paxillus-Syndrom verursachen können
Die „Pilzzüchterlunge" kann durch folgende Arten verursacht werden:
Austernseitling *(Pleurotus ostreatus)*
Stockschwämmchen *(Kuehneromyces mutabilis)* oder Shiitake *(Lentinus edodes)*

Vergiftungen durch Haarschleierlinge (Orellanus-Syndrom)

Vergiftung durch Haarschleierlinge sind vor allen Dingen durch eine ungewöhnlich lange Latenzzeit gekennzeichnet. Häufig treten die Beschwerden erst nach 8 bis 14 Tagen auf und werden dann natürlich kaum noch mit der weit zurückliegenden Pilzmahlzeit in Verbindung gebracht.
Haarschleierlinge galten ebenfalls lange Zeit als eßbar, bis es Anfang der fünfziger Jahre in Polen zu einer Massenvergiftung kam, bei der mehr als einhundert Menschen erkrankten, von denen elf starben. Heute weiß man, daß Haarschleierlinge eine Reihe von Giften enthalten, die unter dem Sammelbegriff Orellanine zusammengefaßt werden. Sie können im Extremfall schwere Nierenschäden hervorrufen, so daß häufig der Einsatz einer künstlichen Niere oder gar eine Nierentransplantation erforderlich wird.

Das Orellanus-Syndrom wird durch folgende Arten verursacht:
Orangefuchsiger Rauhkopf *(Cortinarius orellanus)*
Spitzbuckliger Orangeschleierling *(C. rubellus)* und einige weniger häufige Haarschleierlinge

Leichtere Pilzvergiftungen (Gastrointestinales Pilzsyndrom)

Neben den Arten, die schwere oder schwerste Vergiftungen verursachen, gibt es auch eine Reihe von Pilzen, deren Verzehr weniger dramatische Folgen hat, da sie „nur" eine sogenannte gastrointestinale Intoxikation verursachen, also mehr oder minder starke Verdauungsstörungen. Und obwohl diese Form der Vergiftung zweifellos zu den häufigsten gehört, ist über die chemische Struktur der dafür verantwortlichen Gifte praktisch nichts bekannt. Vermutlich handelt es sich um eine Reihe verschiedener Toxine, die alle eine ähnliche Wirkung haben. Die Latenzzeit ist normalerweise recht kurz, so daß die ersten Brechdurchfälle oft schon nach fünfzehn Minuten einsetzen, aber dann ein bis zwei Tage anhalten können. Weitere Begleiterscheinungen sind Angstzustände, starker Speichelfluß und Schweißausbrüche. Bei schwereren Vergiftungen kann es außerdem zu Muskelkrämpfen oder Kreislaufstörungen kommen. Auch wenn Vergiftungen dieser Art zumeist glimpflich verlaufen, sollten sie dennoch nicht auf die leichte Schulter genommen werden, besonders wenn es sich bei den Konsumenten um Kinder oder gesundheitlich geschwächte Personen handelt. Für sie kann auch eine gastrointestinale Intoxikation lebensgefährlich werden!

Gastrointestinale Intoxikationen werden durch folgende Arten verursacht:
Karbolchampignon *(Agaricus xanthodermus)*
Schönfußröhrling *(Boletus calopus)*
Satanspilz *(Boletus satanas)*
Riesen-Rötling *(Entoloma eulividium)* und andere Rötlinge
Tiger-Ritterling *(Tricholoma pardolatum)* und andere Ritterlinge
Kahler Krempling *(Paxillus involutus)*
außerdem bestimmte Täublinge *(Russula)*, Milchlinge *(Lactarius)*, Schleierlinge *(Cortinarius)* und Saftlinge *(Hygrocybe)* sowie Vertreter anderer, unbedeutenderer Gattungen. Eine Reihe weiterer Pilze gilt außerdem als giftverdächtig, so daß dieser Liste in Zukunft sicher weitere Arten hinzugefügt werden müssen.

Weitere Beschwerden im Zusammenhang mit dem Verzehr von Pilzen

Es gibt eine Reihe von Pilzen, die roh giftig sind, so daß man sie keinesfalls in Salaten verwenden darf, sondern bei der Zubereitung sorgfältig kochen muß, damit das Gift zerstört wird. Bei einigen Arten reicht es auch, wenn man die Pilze abbrüht (das Brühwasser muß weggeschüttet werden). Genauere Angaben dazu finden sich bei der Beschreibung der einzelnen Arten. Verantwortlich für die Vergiftungen sind zumeist sogenannte Hämolysine, die, wenn sie in den Blutkreislauf gelangen, die roten Blutkörperchen zerstören können. Erkennbar ist eine solche Vergiftung an einer plötzlichen Blässe, Kreislaufbeschwerden, rasendem Puls, Atemnot und dem Vorhandensein von rotem Blutfarbstoff im Urin.

Allerdings muß nicht jede Übelkeit oder jedes Erbrechen nach einer Pilzmahlzeit auf Gift zurückzuführen sein. Manchmal sind die Pilze durch zu lange Lagerung verdorben, oder es liegt ein übermäßiger Genuß vor. Aber auch schlechtes Kauen kann die Ursache für auftretende Verdauungsbeschwerden sein; außerdem gibt es Menschen, denen ein bestimmtes Enzym – die sogenannte Trehalose – im Magensaft fehlt, so daß es dem Körper nicht möglich ist, Trehalosezucker, den Pilze in erheblichen Mengen enthalten, abzubauen. Daher führt ein Pilzgenuß bei diesen Menschen gleichfalls zu Verdauungsbeschwerden.

Bleibt schließlich noch zu erwähnen, daß Fälle bekannt sind, in denen Menschen, die sich nach einer Mahlzeit aus irgendeinem Grund plötzlich einbildeten, giftige Pilze gegessen zu haben, auch tatsächlich typische Vergiftungssymptome zeigten, etwa Bauchschmerzen, Brechdurchfälle, Pulsbeschleunigung sowie Atemnot oder Beklemmung. Allerdings sollte man bei derartigen Beschwerden nach einer Pilzmahlzeit in jedem Fall vom Ernstfall ausgehen und einen Arzt aufsuchen.

Pilzfremde Giftstoffe

Körperliche Schäden kann man sich aber nicht nur mit Giften zufügen, die von den Pilzen selbst produziert werden, sondern auch mit Substanzen, die diese aus der Umgebung aufnehmen. Hier sind besonders bestimmte Schwermetalle zu nennen, die von einigen Speisepilzen nicht nur passiv eingelagert, sondern regelrecht angereichert werden. Die Fähigkeit zu einer solchen Akkumulation ist artspezifisch und kann im Extremfall bis zu dreihundertfach erhöhte Konzentrationen erreichen.

Im besonderen gilt dieses für das sehr gesundheitsschädliche und vermutlich auch krebserregende Cadmium, das in der Industrie hauptsächlich als rostschützender Metallüberzug und in Legierungen verwendet wird. Schon bei einer einzigen, aus stark anreichernden Arten bestehenden Mahlzeit, kann der von der Weltgesundheitsbehörde empfohlene Grenzwert von 0,5 mg Cadmiumaufnahme pro Woche um das Zehnfache überschritten sein. Ein häufiger Genuß derart belasteter Pilze führt zwangsläufig zu einer Akkumulation im Körper und damit irgendwann zu Magen-, Darm-, Leber-, Nieren- oder Knochenschädigungen. Pilze können aber auch durch Blei, Quecksilber und andere Schwermetalle vergiftet sein, so daß man an besonders belasteten Standorten,

etwa in der Nähe von Müllverbrennungsanlagen oder Metallhütten, auf das Sammeln verzichten sollte.
Auch eine Anreicherung radioaktiver Substanzen durch Pilze ist möglich. Vornehmlich bedingt durch die zumeist große Ausdehnung ihres Myzels und die relativ hohen Stoffwechselraten, können einige Arten eine starke Strahlenbelastung aufweisen. Das wurde besonders nach dem Reaktorunfall von Tschernobyl im April 1986 deutlich, als in bestimmten Pilzen stark erhöhte Konzentrationen der Radionukleodide ^{131}Jod sowie ^{134}Cäsium und ^{137}Cäsium festgestellt wurden. Wegen der kurzen Halbwertszeiten (8 Tage bei ^{131}Jod; 2 Jahre bei ^{134}Cäsium) spielen die beiden erstgenannten Substanzen inzwischen keine Rolle mehr; das ^{137}Cäsium hat dagegen eine Halbwertszeit von 30 Jahren und wird unsere Umwelt noch sehr lange belasten. Allerdings gehen die meisten Experten davon aus, daß Speisepilze – sofern sie in Maßen genossen werden – auch nach der Katastrophe von Tschernobyl inzwischen kein besonderes Gesundheitsrisiko mehr darstellen.

Verhalten bei Pilzvergiftungen

Bei jedem Verdacht einer Pilzvergiftung muß sofort ein Arzt verständigt werden. Nehmen Sie auch dann ärztliche Hilfe in Anspruch, wenn Sie nur die leichteste Befürchtung haben, giftige Pilze gegessen zu haben. Falsche Scham ist bei Pilzvergiftungen fehl am Platze. Ist nicht gleich ein Arzt zur Stelle, sollte man versuchen, den Magen zu entleeren. Erbrechen läßt sich recht einfach durch Trinken von Salzwasser (1 Eßlöffel Kochsalz auf ein Glas Wasser) erreichen.
Sichern Sie eventuelle Reste der Pilzmahlzeit, alle Putzreste, aber auch Erbrochenes, damit später festgestellt werden kann, welcher Pilz die Vergiftung verursacht hat, um dann gezielt die notwendigen Behandlungsmaßnahmen einzuleiten.

Hinweise zum Sammeln und Verwerten

Wie der Straßenverkehr, verlangt auch das Sammeln von Pilzen eine gehörige Portion Verantwortungsgefühl. Leichtsinn ist in jedem Fall unangebracht. In Europa schüttelt man oft verständnislos den Kopf, wenn man hört, daß in Japan tödlich giftige Kugelfische, die nur nach besonderer Zubereitung verspeist werden können, als Delikatesse gelten. Immerhin gibt es dort aber speziell ausgebildete Köche, die dieses, Fugu genannte Fischgericht zubereiten, während sich in Europa unzählige Menschen ohne besondere Vorbereitung zum nicht weniger gefährlichen Pilzesammeln berufen fühlen. Und nur so ist es wohl auch zu erklären, daß es alljährlich zu tödlichen Pilzvergiftungen kommt. Daher kann an dieser Stelle nur dringend geraten werden, sich zunächst einmal intensiv um ein Kennenlernen der einzelnen Pilze zu bemühen, bevor man daran denkt, sie zu verzehren.
Anfänger sollten sich zunächst an Röhrenpilzen versuchen, weil ihre Bestimmung weniger schwierig ist, und weil es unter ihnen außerdem nicht so stark giftige Arten gibt, wie bei den Lamellenpilzen (nicht vergessen darf man jedoch, daß bei Kindern und geschwächten Personen auch giftige Röhrenpilzarten zu größeren Komplikationen

führen können). Wer die Möglichkeit hat, Pilzberatungsstellen aufzusuchen, die im Herbst von vielen Städten und Gemeinden eingerichtet werden und die vielfach kostenlos sind, sollte sich das Resultat seiner Bestimmung dort bestätigen lassen; andere kennen vielleicht jemanden, der schon länger Pilze sammelt und den man fragen kann. Außerdem bieten viele Volkshochschulen Kurse oder Pilzexkursionen an, in deren Rahmen man Pilze ebenfalls kennenlernen kann. Erst wenn man die Röhrenpilze gut genug kennt und etwas Erfahrung beim Bestimmen gewonnen hat, sollte man sich an die Lamellenpilze wagen, weil es unter ihnen viele eßbare Arten mit gefährlichen Doppelgängern gibt. Daher ist es bei dieser Gruppe auch besonders wichtig, sich sein Bestimmungsergebnis von einem Experten bestätigen zu lassen, bevor man sich an den Verzehr wagt. Daß Schnecken und Insekten nur eßbare Pilze befallen ist übrigens ebenso ein Gerücht wie der Aberglaube, Giftpilze würden Silber oder Zwiebeln schwarz färben. Der am besten geeignete Behälter zum Sammeln und Transportieren von Pilzen ist ein Korb. Absolut ungeeignet sind Plastiktüten, da mangelnder Luftaustausch, verbunden mit höheren Temperaturen, das Sammelgut schneller verderben lassen. Verwerten Sie die Pilze möglichst noch am Tag des Sammelns, da viele Arten schnell schlecht werden. Ist ein baldiger Verzehr nicht möglich, sollten die Pilze ausgebreitet und kühl und luftig gelagert werden. Pilze, die nur zur Bestimmung und nicht zum Verzehr mitgenommen werden, transportiert man am besten getrennt, damit sie nicht versehentlich zwischen die Speisepilze geraten. Exemplare, die der Bestimmung dienen sollen, müssen möglichst vollständig sein, da fehlende Teile, beispielsweise die knollige Stielbasis mit der häutigen Volva, die bei Knollenblätterpilze oft im Boden verborgen ist, die Bestimmung in fataler Weise verfälschen können.
Pilze lassen sich auf recht unterschiedliche Weise zubereiten. Die einfachste Form ist sicher die Verwendung in Salaten, wobei darauf geachtet werden muß, daß nur Pilze benutzt werden, die auch roh eßbar sind. Angaben dazu finden sich bei der Beschreibung der einzelnen Arten. Am häufigsten werden Pilze aber wohl mit Speck und Zwiebeln geschmort, oder als Beilagen zu Fleischspeisen benutzt. Bestimmte Arten, etwa Parasole, können paniert und dann wie ein Schnitzel gebraten werden; weniger verbreitet ist das Einlegen in Essig (Essigpilze lassen sich längere Zeit aufbewahren und dann in Salaten verwenden) oder die Verarbeitung in Suppen. Außerdem kann man viele Pilze trocknen und später zum Verfeinern von Saucen nutzen; sehr würzige Arten eignen sich auch zur Herstellung eines Pilzpulvers. Daß geschmorte Pilze nicht wieder aufgewärmt werden dürfen, ist ein oft gehörtes, aber dennoch unzutreffendes Gerücht. Wie jedes gekochte Gemüse lassen sich auch Pilze einige Zeit aufbewahren und dann erneut verwenden. Bleibt noch zu erwähnen, daß viele Pilze schwer verdaulich sind. Man sollte sie daher nicht in allzu großen Mengen essen, und die Mahlzeit auf jeden Fall gut kauen.

Pilze und Naturschutz

Daß viele Pilze des Schutzes bedürfen, weil sie inzwischen stark vom Aussterben bedroht sind, ist wenig bekannt. Die Gründe für den Rückgang einzelner Arten sind sicher sehr vielfältig und auch nicht bis ins letzte geklärt, aber man kann vermuten, daß Umwelteinflüsse, etwa saurer Regen oder Luftverschmutzung, menschliche Eingriffe in die Landschaft, z. B. landwirtschaftliche Intensivkultur oder die Entwässerung von

Feuchtgebieten sowie in Einzelfällen auch eine zu starke Sammeltätigkeit dabei eine nicht unwichtige Rolle gespielt haben. Auf jeden Fall gibt es inzwischen zahlreiche Pilzarten, die mit unterschiedlichen Gefährdungsgraden in einer Roten Liste aufgeführt werden mußten (vgl. Tabelle Seite 142).

Ungeachtet der gesetzlichen Bestimmungen sollte sich jeder Pilzsammler eigenverantwortlich eine gewisse Zurückhaltung im Umgang mit den Objekten seiner Begierde zu eigen machen (bekanntlich soll man das Huhn, das goldene Eier legt, ja nicht schlachten). Dazu gehört, daß jeweils immer nur so viele Pilze gesammelt werden, wie man wirklich verzehren kann, daß ältere Exemplare, die zumeist nicht mehr besonders wohlschmeckend und zudem oft madig sind, unversehrt zurückgelassen werden, damit sie ihre Sporen ungestört verbreiten können und daß man auf seltene Arten verzichtet.

Daß Pilze wegen ihrer wichtigen Rolle im Kreislauf der Natur nicht mutwillig zerstört werden, auch wenn es sich um giftige Arten handelt, muß an dieser Stelle sicher nicht mehr gesondert hervorgehoben werden.

Bestimmung von Pilzen

Für die nicht ganz einfache Bestimmung von Pilzen ist es notwendig, sich zunächst einige Begriffe anzueignen, ohne die eine korrekte Zuordnung einzelner Arten nicht möglich ist. Im folgenden wird daher näher auf die besonderen Merkmale eingegangen, an denen man Pilze erkennen kann. Verlassen Sie sich aber niemals auf ein Merkmal allein, sondern vergleichen Sie stets mehrere Kennzeichen. Ein Pilz mit einem grünen Hut kann sowohl ein tödlich giftiger Grüner Knollenblätterpilz sein, als auch ein eßbarer Täubling oder Milchling. Erst die weiteren Merkmale (beringter bzw. unberingter Stiel und knollig verdickte Stielbasis mit Volva bzw. nicht verdickte, nackte Stielbasis etc.) lassen eine sichere Bestimmung zu.

Die Fruchtkörper der verschiedenen Pilzarten können recht unterschiedlich aussehen. Typisch ist allerdings die Unterteilung in Hut und Stiel, wie sie bei den meisten Basidiomyceten zu finden ist. Im folgenden sind einige der Merkmale näher erläutert, wie sie üblicherweise – und auch in diesem Buch – zur Unterscheidung der herkömmlichen Hutpilze verwendet werden:

Hut

Größe

Die Größe der Pilzhüte kann sehr unterschiedlich sein. Während beispielsweise der Hut einiger Helmlinge nur einen Durchmesser von etwa 1 cm erreicht, kann der des Riesenschirmling *(Macrolepiota procera)* bis zu 35 cm groß sein. Die im Buch angegebene Größe muß als Richtwert angesehen werden, da es aufgrund spezieller Standortgegebenheiten, aber auch aus anderen Gründen, immer wieder einmal Abweichungen von der Norm geben kann.

Form

Die Hutform der meisten Pilze verändert sich im Laufe ihres Wachstums. So haben junge Exemplare zumeist gewölbte oder gar kugelige bis halbkugelige Hüte, während sie später oft flach ausgebreitet eingedrückt oder gar trichterförmig sind. Daher ist das Alter des entsprechenden Pilzes bei der Bestimmung unbedingt zu berücksichtigen. Einzelheiten zur Hutform finden sich bei den einzelnen Beschreibungen im Bildteil.

Farbe

Die Hutfarbe wird oft zur Bestimmung herangezogen, obwohl dieses Merkmal nicht immer ganz einfach zu benutzen ist. Das liegt zum einen daran, daß unterschiedliche Personen bei der Einschätzung einer bestimmten Farbe nicht immer zum gleichen Schluß kommen, hat aber auch mit der sehr variablen Färbung vieler Pilze zu tun, so daß sich nicht ohne weiteres eine vorherrschende Farbe angeben läßt. Außerdem blassen einige Arten im Alter sehr stark aus, so daß ihre Originalfärbung kaum noch sicher auszumachen ist. Daher sollte man die Färbung möglichst nur in Verbindung mit anderen Merkmalen benutzen.

Oberfläche des Hutes (Huthaut)

Auffälliges Merkmal einiger Pilze, z. B. der Schmierröhrlinge, ist ihre, auch bei Trockenheit, stets klebrige, bei Feuchtigkeit schmierige bis schleimige Huthaut. Andere Arten haben dagegen einen mit Schuppen (zumeist Folge der aufgeplatzten äußeren Huthaut) oder Velumresten bedeckten Hut, bei einigen Pilzen weist der Hut typische konzentrische Ringzonen auf.

Rand

Einige Pilze besitzen einen sehr typischen Hutrand, etwa der Krempling, dessen Rand, wie der Name bereits vermuten läßt, stark eingerollt ist. Oft lassen sich Arten aber auch daran erkennen, ob der Hutrand glatt oder gerieft, gerade oder wellig gebogen, scharf oder stumpf ist, bzw. Hüllreste des Velums erkennen läßt oder nicht.

Hymenophor

Das Hymenophor ist der Teil des Pilzes, auf dem die Fruchtschicht (Hymenium) sitzt, in der wiederum die Sporen gebildet werden. Es kann u.a. röhren-, lamellen-, stachel- oder leistenförmig sein und wird normalerweise zur weiteren Unterteilung der Basidiomyceten herangezogen. Oft verfärbt sich das Hymenophor bei Druck oder Verletzung, eine Eigenschaft, die sich in vielen Fällen zur Bestimmung verwenden läßt; ein weiteres Merkmal kann der Ansatz der Röhren oder Lamellen am Stiel sein (vgl. Abbildung Seite 29).

Röhren

Bei den Röhrenpilzen sitzt die Fruchtschicht an der Innenseite von Röhren, die im Querschnitt rund oder eckig sein können. Sie sind nach unten hin offen; die Öffnungen werden als Poren bezeichnet.

Lamellen

Bei den Lamellenpilzen (auch Blätterpilze genannt) sitzt die Fruchtschicht auf der Außenseite der Lamellen (Blätter). Die Lamellen können weit auseinander (entfernt) oder dicht zusammenstehen (gedrängt); manchmal sind sie auch verzweigt oder adrig verbunden. Gerade bei Lamellenpilzen wird der Ansatz der Lamellen am Stiel oft zur Bestimmung herangezogen. Dabei gibt es neben den auf Seite 29 abgebildeten

Formen auch noch Zwischenstadien, etwa angeheftet, abgesetzt oder ausgebuchtet angewachsen, bei denen die Unterschiede aber oft nicht einfach auszumachen sind, so daß sie sich in der Regel als wenig hilfreich erweisen.

Stacheln

Die herkömmlichen Stachelpilze, etwa *Hydnum*-Arten, tragen die Fruchtschicht auf der Außenseite von stachelartigen Strukturen sowie den dazwischen liegenden Vertiefungen.

Leisten

Bei den Leistenpilzen befindet sich die Fruchtschicht auf leistenartigen Aufwölbungen und den dazwischenliegenden Vertiefungen. Oft ähneln die Leisten auch Lamellen, so daß eine Abgrenzung nicht immer ganz einfach ist. Ein typischer Leistenpilz ist der Pfifferling *(Cantharellus tubaeformis).*

Stiel

Größe und Form

Die Länge, der Durchmesser und die Form der Pilzstiele kann in einigen Fällen zur Bestimmung herangezogen werden (vgl. Stielbasis). Auch hier sind die im Buch gemachten Angaben zur Länge und zum Durchmesser des Stiels als Richtwert zu verstehen, bei denen es aufgrund besonderer Standortgegebenheiten, aber auch aus anderen Gründen, immer wieder einmal zu Abweichungen kommen kann.

Farbe und Stieloberfläche

Wie die Hutfarbe, ist die ebenfalls oft variable Färbung des Stiels nicht immer ein gutes Merkmal. Sehr viel typischer ist dagegen häufig die Stieloberfläche, die gefurcht, genattert (mit einem gezackten Muster, das durch die Streckung des Stiel entsteht) oder schuppig sein kann, manchmal aber auch grubige Vertiefungen aufweist. Ein gutes Merkmal ist außerdem das charakteristische Netzmuster vieler *Boletus*-Arten.

Ring

Die Stiele vieler Pilzarten weisen einen typischen Ring, oder zumindest eine noch erkennbare Ringzone auf. Diese Ringe sind Reste des **Velums**, einer von vielen Pilzen gebildeten Hülle, die dem Schutz der jungen Fruchtkörper dient. Unterscheiden lassen sich dabei eine **Gesamthülle** (Velum universale), die den ganzen Jungpilz umgibt, und eine **Teilhülle** (Velum partiale), die nur dem Schutz der Lamellen dient und nach dem Zerreißen häufig einen Ring am Stiel (manchmal auch Reste am Hutrand) zurückläßt. Dieser Ring kann hängend oder aufsteigend sein, einfach oder doppelt und in einigen Fällen auch noch ein typisches Muster aufweisen, etwa eine zahnradartige Struktur.

Stielbasis

Die Stielbasis ist besonders bei der Abgrenzung der tödlich giftigen *Amanita*-Arten von ihren Doppelgängern ein wichtiges Bestimmungsmerkmal. So weist z. B. der Grüne Knollenblätterpilz *(A. phalloides),* aber auch viele seiner Verwandten, an der Stielbasis eine typische Hülle, die sogenannte **Volva,** auf. Dabei handelt es sich um den Rest der Gesamthülle (s.o.), von der der Pilz in seiner Jugend völlig eingeschlossen war. Nach dem Aufreißen des Velums universale bleiben zumeist Reste an der Stielbasis, aber auch auf der Huthaut zurück. Die Volva kann lappig oder gerandet sein, aber auch warzige Gürtel auf dem Stiel bilden. Bei einigen Pilzen, z. B. bei *Amanita*-Arten, ist sowohl eine Gesamthülle, als auch eine Teilhülle vorhanden. Diese Pilze besitzen dann also nicht nur einen Ring, sondern auch eine Volva. Anderen Arten fehlt dagegen jegliche Art von Schutzhülle. Bei einigen von ihnen kann die Stielbasis aber in typischer Weise zugespitzt oder auch knollig verdickt sein.

Fleisch

Auch das Fruchtkörperfleisch kann ein wichtiges Merkmal bei der Pilzbestimmung sein. So lassen sich einige Arten an der typischen Farbe ihres Fleisches erkennen, oder aber an einer auffälligen Farbveränderung bei Druck oder beim Anschneiden (röten, blauen etc.). Auffällig ist in vielen Fällen auch der Geruch (rettich-, mehlartig etc.), der Geschmack (bitter, nußartig etc.) und die Konsistenz (holzig, schwammig etc.).

Sporen und Sporenpulver

Die Sporen einiger Pilzarten unterscheiden sich durch die Form (länglich, rundlich etc.) und die Ornamentierung (warzig, netzartig etc.) ihrer Sporen. Allerdings lassen sich die Merkmale der winzigen, nur einige Tausendstel Millimeter großen Sporen nur im Mikroskop erkennen. Ein anderes Kennzeichen der Sporen kann man allerdings ohne optische Hilfsmittel benutzen: die Sporenfarbe. Um diese festzustellen, legt man einen entstielten Hut mit der Unterseite auf ein Blatt Papier und wartet einige Stunden, bis ein Teil der Sporen aus den Lamellen oder Röhren herausgefallen ist. Anhand dieses Sporenpulvers, also der Masse von Zehntausenden von Sporen, die durch diese Prozedur auf die Unterlage gelangen, läßt sich die Sporenfarbe leicht bestimmen. Wichtig ist dabei die Wahl des Untergrundes, da beispielsweise helle Sporen auf weißem Papier nur schlecht zu erkennen sind, so daß ein solcher Pilz stets auf eine dunkle Unterlage gelegt werden sollte, einer mit dunklen Sporen auf eine helle. Weil man jedoch in vielen Fällen nicht weiß, welche Sporenfarbe zu erwarten ist, empfiehlt es sich, den Hut jeweils zur Hälfte auf eine helle und dunkle Unterlage zu legen. Die Auswertung muß möglichst schnell erfolgen, da sich der Farbton beim Austrocknen der Sporen verändern kann. Außerdem sollte man darauf achten, daß die Schicht des Sporenpulvers eine bestimmte Dicke erreicht, damit sich die Farbe eindeutig bestimmen läßt. Notfalls kann man das Pulver auch mit einer Rasierklinge zu einem Häufchen zusammenkratzen, was die Farbbestimmung manchmal erleichtert.

Vorkommen

Standort und jahreszeitliches Auftreten der Pilze werden in vielen Fällen ebenfalls zur Bestimmung herangezogen. So sind einige Arten aufgrund ihrer Mykorrhizierung stets unter bestimmten Baumarten zu finden, andere benötigen saure bzw. kalkhaltige Böden. Bestimmte Pilze wachsen ausschließlich auf Holz, wobei in einigen Fälle bestimmte Holzsorten eindeutig bevorzugt werden.
Wie bereits erwähnt, bilden die Pilze ihre Fruchtkörper hauptsächlich im feuchten Herbst. Es gibt aber auch Arten, die bereits im Frühjahr wachsen, oder andere, die erst nach den ersten Nachtfrösten erscheinen. In diesen Fällen kann dann auch das jahreszeitliche Erscheinen der Fruchtkörper ein Hinweis auf die entsprechende Art sein.

Bestimmungsschlüssel

Für die Bestimmung der einzelnen Arten wird folgendes Vorgehen empfohlen: Man versucht zunächst den entsprechenden Pilz anhand der Form (Pilze mit Hut, Stiel und Röhren, Pilze mit konsolenartigen Fruchtkörpern etc.) und mit Hilfe des Bilderschlüssels unten grob zuzuordnen. Der Bilderschlüssel gibt dann weitere Hinweise darauf, wo die gesuchte Art im Buch zu finden ist. Um bei den größeren Gruppen, also den Pilzen mit

Pilze mit Hut, Stiel und Röhren siehe Seite 26

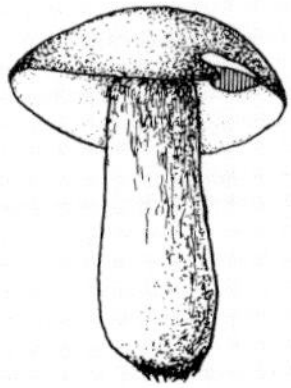

Pilze mit Hut, Stiel und Lamellen, Leisten oder Stacheln siehe Seite 27

Pilze mit lappigem, wabenartigem oder gehirnartig gewundenem Hut und Stiel ab Seite 118

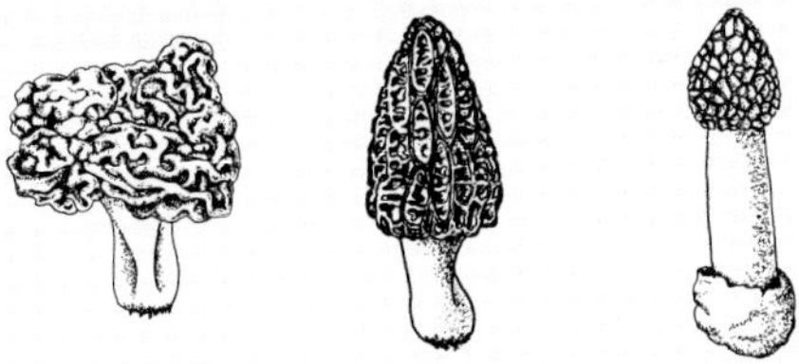

Hut, Stiel und Röhren bzw. Hut, Stiel, Lamellen und Leisten ein unnötiges Suchen zu vermeiden, wurde bei diesen ein sogenannter dichotomer Bestimmungsschlüssel zwischengeschaltet. Dessen Prinzip beruht darauf, daß man aus zwei Fragen zu den Merkmalen der gesuchten Gattung die richtige auswählen muß. Ist das geschehen, bekommt man entweder die entsprechende Gattung genannt, oder man wird mittels einer Zahl auf eine weitere Frage verwiesen. Dieses Verfahren wird so lange fortgesetzt, bis eine Gattung ermittelt wurde.

Pilze mit auf Holz wachsenden, konsolenartigen Fruchtkörpern ab Seite 124

Pilze mit runden, birnen-oder sternförmigen Fruchtkörpern ab Seite 128

Pilze mit anders gestalteten, z.B. korallen- oder becherförmigen (bzw. reich verzweigten) Fruchtkörpern abSeite 134

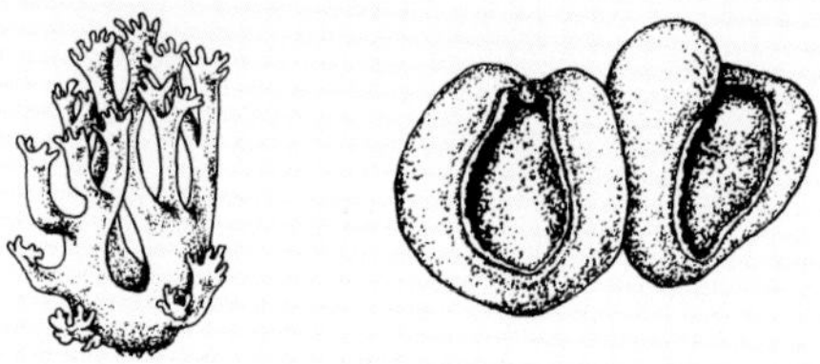

Pilze mit Hut, Stiel und Röhren (Seite 30 bis 57)

1 Hut mit auffällig schwarzbraunen, wollig-filzigen Schuppen, Poren grau, Stiel unterhalb der Ringzone mit wollig-filzigem Belag . . . . ***Strobilomyces strobilaceus***

– Hut, Poren und Stiel anders **2**

2 Stiel markig, gekammert oder hohl **3**

– Stiel vollfleischig **4**

3 Stiel bei jungen Exemplaren markig, später gekammert oder hohl, stets ohne Ring oder Ringzone . . . . ***Gyroporus***

– Stiel von Anfang an hohl, mit Ring oder Ringzone . . . . ***Boletinus cavipes***

4 Stiel deutlich schuppig . . . . ***Leccinum***

– Stiel nicht schuppig **5**

5 Röhren deutlich herablaufend, Röhrenschicht schmal und nur schwer vom Hut zu trennen, unter Erlen . . . . ***Gyrodon lividus***

– Röhren nicht deutlich herablaufend **6**

6 Poren groß, eckig und relativ unregelmäßig, jung orange-, später rot- oder rostbraun, Fleisch mit stark pfeffrigem Geschmack . . . . ***Chalciporus piperatus***

– Poren von anderer Form und Farbe, Fleisch nicht pfeffrig **7**

7 Stiel mit Netzzeichnung **8**

– Stiel ohne Netzzeichnung **9**

8 Poren jung weißlich, im Alter rosa, Fleisch mit stark bitterem Geschmack . . . . ***Tylopilus fellus***

– Poren niemals rosa, Fleisch ohne bitteren Geschmack . . . . ***Boletus***

9 Poren jung graubraun, später schwarzbraun, Hut ebenfalls grau- bis schwarzbraun, fein samtig oder glatt, niemals großschuppig . . . . ***Porphyrellus porphyrosporus***

– Poren- und Hutfarbe anders **10**

10 Huthaut höchstens bei feuchtem Wetter etwas klebrig oder schmierig, sonst trocken und schuppig, filzig oder kahl, Stiel stets ohne Ring bzw. Ringzone **11**

– Huthaut auch bei trockenem Wetter klebrig, bei Feuchtigkeit zumeist schleimig, Stiel mit oder ohne Ring bzw. Ringzone . . . . ***Suillus*** (ohne *S. variegatus*, s.u.)

11 Hut mit kleinen körnigen Schuppen besetzt und dadurch wie mit Sand bestreut wirkend, Poren olivgrün bis olivbraun . . . . ***Suillus variegatus***

– Huthaut filzig, im Alter auch kahl, Poren cremefarben, gelblich oder gelbgrün . . . . ***Xerocomus***

Pilze mit Hut, Stiel, Lamellen, Leisten oder Stacheln (Seite 58 bis 117)

1 Auf Holz **2**

– nicht auf Holz **8**

2 Stiel mit einem typischen samtartigen Überzug . . . . . . ***Paxillus atrotomentosus***

– Stiel ohne samtartigen Überzug **3**

3 Stiel seitlich am Hut ansetzend, Hüte muschel- oder fächerförmig und dachziegelartig übereinander angeordnet . . . . ***Pleurotus ostreatus***

– Stiel in der Mitte des Hutes ansetzend **4**

4 Stiel ohne Ring . . . . ***Mycena galericulata***

– Stiel mit Ring **5**

5 Hut mit braunen oder schwärzlichen Schuppen, ... ***Armillaria mellea***

– Hut schuppenlos **6**

6 Hut und Lamellen schwefelgelb bis gelbgrün, Sporenstaub violett . . . . ***Hypholoma fasciculare***

– Hut und Lamellen gelblich oder bräunlich, Sporenstaub rostbraun **7**

7 Stiel glatt, vorzugsweise auf abgestorbenem Nadelholz, Geruch mehlartig, Sporen glatt . . . . ***Galerina marginata***

– Stiel unterhalb des Ringes schuppig, vorzugsweise auf abgestorbenem Laubholz, ohne mehlartigen Geruch, Sporen warzig . . . . ***Kuehneromyces mutabilis***

8 Sporenpulver weiß, cremefarben oder gelblich **9**

– Sporenpulver andersfarbig **25**

9 Pilze mit Lamellen (Hutunterseite mit schmalen blattartigen Auswüchsen) **11**

– Pilze mit Leisten oder Stacheln (Hutunterseite mit flachen, dicklichen, gegabelten bzw. adrig verbundenen, leistenförmigen oder mit spitz zulaufenden, stachelartigen Auswüchsen) **10**

10 Pilze mit Leisten . . . . ***Cantharellus***

– Pilze mit Stacheln . . . . ***Hydnum repandum***

11 Hut mit einer dicken, olivbraunen Schleimschicht überzogen, Fruchtkörper erscheinen normalerweise erst nach den ersten Nachtfrösten . . . ***Hygrophorus hypothejus***

– Hut ohne dicke Schleimschicht, Fruchtkörper erscheinen früher **12**

12 Stielbasis knollig verdickt **13**

– Stielbasis nicht knollig verdickt **15**

13 Knollige Stielbasis zusätzlich von einer Volva umgeben, zumeist mit beringtem Stiel und Velumresten auf der Huthaut **Amanita** (mit Ausnahme von *A. vaginata,* s.u.)

– Stielbasis mehr oder weniger knollig, aber ohne Volva 14

14 Mit frei auf dem Stiel verschiebbaren Ring, Hut auffällig groß (ø bis 30 cm) und dicht mit bräunlichen Schuppen besetzt, ohne mehlartigen Geruch . . . . . ***Macrolepiota***

– Stiel ohne Ring, Hut klein (ø höchstens bis 10 cm), weiß, cremefarben oder gelblich, glatt oder etwas eingerissen, mit mehlartigem Geruch . . . . . .***Calocybe gambosa***

15 Stielbasis nicht knollig, aber mit Volva . . . . ***Amanita vaginata***

– Stielbasis nicht knollig und ohne Volva **16**

16 Fleisch körnig und brüchig, Lamellen bei Druck splitternd **17**

– Fleisch und Lamellen anders **18**

17 Fleisch bei Verletzung mit Milchsaft . . . . ***Lactarius***

– Fleisch ohne Milchsaft . . . . ***Russula*** (mit Ausnahme von *R. cyanoxantha,* s.u.)

18 Lamellen bei Berührung verklebend . . . . ***Russula cyanoxantha***

– Lamellen bei Berührung nicht verklebend **19**

19 Huthaut hell- bis dunkelgrau und mit einer auffälligen, etwas erhabenen, schwärzlichen, radialstrahligen Faserung . . . . ***Tricholoma portentosum***

– Huthaut anders **20**

20 Lamellen deutlich herablaufend **21**

– Lamellen nicht oder nur leicht herablaufend **22**

21 Hut trichterförmig und mit typischem, spitzem Buckel, Lamellen weiß bis cremefarben . . . . ***Clitocybe geotropha***

– Hut trichterförmig, aber ohne Buckel, Lamellen gelb bis orangegelb oder leicht rötlich . . . . ***Hygrophoropsis arantiaca***

22 Lamellen entfernt **23**

– Lamellen gedrängt **24**

23 Lamellen rosa, angewachsen, an der Basis oft mit weißem Mycelfilz, Sporen rund . . . . ***Laccaria laccata***

– Lamellen weißlich, alt oder an Druckstellen oft gelbbraun, frei, zumeist mit angedeuteter Ringzone, Sporen länglich . . . . ***Lepiota castanea***

24 Hut sehr dünnfleischig, weiß, manchmal mit ockerfarbenen Flecken, Huthaut oft rissig, Stiel sehr dünn . . . . ***Clitocybe delbata***

– Hut dickfleischig, gelblich, oliv oder grau bis violett, Huthaut nicht rissig, Stiel kräftig . . . . ***Tricholoma*** (mit Ausnahme von *T. portentosum,* s.o.)

25 Sporenpulver rosa oder rötlich **26**

– Sporenpulver braun, violett oder schwärzlich **27**

26 Hut trichterförmig, Lamellen weit herablaufend, Stiel allmählich in den Hut übergehend (Wuchsform erinnert ein wenig an einen Pfifferling oder Krempling) . . . . ***Clitopilus prunulus***

– Hut flach gewölbt und stumpf gebuckelt, Lamellen nicht herablaufend . . . . ***Entoloma sinuatum***

27 Hutunterseite mit Stacheln . . . . ***Sarcodon imbricatus***

– Hutunterseite mit Leisten **28**

28 Hut jung eiförmig, walzenförmig oder zylindrisch, Fleisch und Lamellen im Alter schwarz zerfließend . . . . ***Coprinus***

– Hut anders geformt, Fleisch und Lamellen im Alter nicht schwarz zerfließend . . . **29**

29 Lamellen anfangs rosa, später bräunlich oder schwarz . . . . ***Agaricus***

– Lamellen anders gefärbt **30**

30 Lamellen herablaufend **31**

– Lamellen nicht herablaufend **32**

31 Hut gewölbt und mit spitzem Buckel . . . . ***Gomphidius rutilus***

– Hut abgeflacht oder niedergedrückt, nicht gebuckelt, Rand auffällig stark eingerollt . . . . ***Paxillus involutus***

32 Lamellen entfernt . . . . ***Cortinarius***

– Lamellen gedrängt . . . . ***Inocybe geophylla***

Ansatz der Lamellen am Stiel

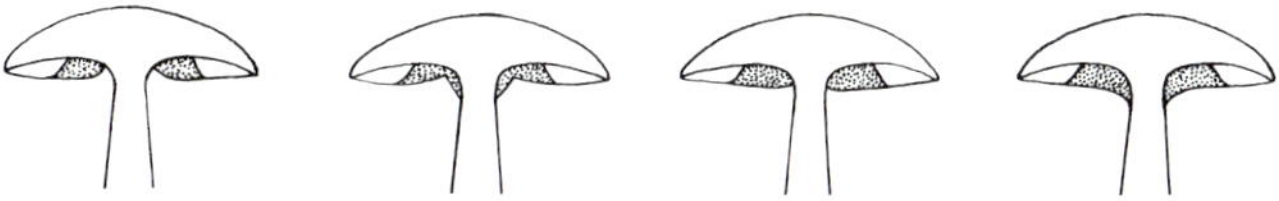

frei — mit Zähnchen herablaufend — angewachsen — herablaufend

Boletinus cavipes

Hohlfußröhrling

Hut ø 4–12 cm; gewölbt, manchmal gebuckelt; zitronen- bis braungelb, aber auch rot, orange- oder zimtbraun; Huthaut trocken und stark filzig; Rand zumeist stark eingerollt, jung häufig mit weißen Velumresten.
Röhren Sehr kurz, fest am Hutfleisch angewachsen; etwas am Stiel herablaufend; gelb bis oliv; Poren weit, eckig, unregelmäßig und in der Tiefe abgestuft.
Stiel 3–9 x 1–3 cm; stets hohl (auch bei jungen Exemplaren); zylindrisch, manchmal mit verdickter Basis; von gleicher Farbe wie der Hut und ebenfalls filzig; im oberen Drittel mit weißem Ring oder Ringzone.
Fleisch Weiß bis gelblich; unveränderlich.
Sporen 8–10 x 3–4 µm; spindelförmig; Sporenpulver olivbraun.
Vorkommen Unter Lärchen; in höheren Lagen stellenweise häufig, im Flachland selten oder fehlend; Juli bis Oktober.
Bemerkungen Mittelmäßiger Speisepilz.
Verwechslungsmöglichkeiten Aufgrund des hohlen Stiels und der sehr charakteristischen Poren leicht von den meisten anderen Röhrlingen zu unterscheiden. Einen ebenfalls hohlen (bei älteren Exemplaren) oder zumindest gekammerten Stiel besitzen der **Kornblumenröhrling** (*Gyroporus castaneus,* S.40) und der **Hasenröhrling** (*G. cyanescens,* S. 38). Beide unterscheiden sich vom Hohlfußröhrling durch die feineren und anders geformten Poren; der Kornblumenröhrling blaut außerdem sehr stark.

Boletus calopus,

Schönfußröhrling, Dickfußröhrling

Synonyme *B. pachypus, B. olivaceus.*
Hut ø 8–20 cm; jung halbkugelig, später gewölbt; hellgrau, ockerfarben oder blaßbraun; fein filzig behaart und trocken.
Röhren Jung zitronengelb, später grünlich; Poren winzig, rundlich, bei Druck sofort blaugrün anlaufend.
Stiel 7–15 x 4–6 cm; bauchig oder keulenförmig, manchmal auch zylindrisch; leuchtend rot, in Hutnähe mit einem gelblichen Netz auf gelbem Grund, im unteren Teil mit einem rötlichen Netz auf rötlichem Grund.
Fleisch Weißlich bis graugelb, im Schnitt blau.
Sporen 10–16 x 3,5–5,5 µm; spindelförmig; Sporenpulver gelboliv.
Vorkommen In Laub- und Nadelwäldern, vorzugsweise auf sauren Böden; im Mittelgebirge relativ häufig, sonst selten oder fehlend; Juli bis Oktober.
Bemerkungen Giftig (vgl. Gastrointestinales Pilzsyndrom).
Verwechslungsmöglichkeiten Wegen des hellen Hutes auf den ersten Blick mit dem **Satansröhrling** (*B. satanas,* S. 36) zu verwechseln, der allerdings rote Poren hat.

Boletus edulis

Echter Steinpilz, Herrenpilz, Fichtensteinpilz

Hut ø 8–25 cm; hell- bis dunkel oder rotbraun, am Rand oft etwas heller, sehr junge Exemplare können auch einen fast weißlichen Hut besitzen; glatt, manchmal leicht glänzend.
Röhren Anfangs weiß, später gelblich bis olivgrün; leicht vom Hut abtrennbar; Poren klein, rundlich und von gleicher Farbe wie die Röhren.
Stiel 5–15 x 3–6 cm; bei jungen Exemplaren bauchig, später keulenförmig oder zylindrisch; weißlich oder hellbraun; zumindest im oberen Teil mit heller Netzzeichnung.
Fleisch Weißlich, direkt unter der Huthaut auch bräunlich; bei jungen Exemplaren fest, im Alter manchmal schwammig.
Sporen 12–17 x 4,5–6,5 µm; spindelförmig; Sporenpulver olivbraun.
Vorkommen In Laub- und Nadelwäldern, gern unter Fichten; relativ häufig; August bis November.
Bemerkungen Einer der bekanntesten und schmackhaftesten Speisepilze.
Verwechslungsmöglichkeiten Unangenehm kann eine Verwechslung mit dem ungenießbaren, bitteren **Gallenröhrling** (*Tylopilus felleus,* S. 52) sein, der eine ganze Pilzmahlzeit verderben kann. Unterscheiden läßt dieser sich anhand der rosafarbenen Röhren. Giftig ist der relativ seltene **Satansröhrling** (*B. satanas;* S. 36), der rötliche Röhren und einen ebenso gefärbten Stiel hat. Ohne weitere Folgen ist eine Verwechslung mit dem **Sommersteinpilz** (*B. reticulatus;* S. 34) oder dem **Maronenröhling** (*Xerocomus badius;* S. 54), dessen Röhren bei Berührung blau anlaufen.

Boletus luridiformis

Flockenstieliger Hexenröhrling

Schusterpilz, Donnerschwamm

Synonyme *B. erythropus, B. miniatoporus.*
Hut ø 5–20 cm; anfangs halbkugelig, später gewölbt; dunkelbraun; Huthaut filzig bis samtig und trocken.
Röhren Zunächst gelb, dann grünlich; Poren klein, rundlich, dunkelrot, an Druckstellen sofort blaugrün bis blauschwarz anlaufend.
Stiel 5–15 x 3–5 cm; keulenförmig bis zylindrisch; gelb mit rötlichen Flocken, ohne Netzzeichnung.
Fleisch Im Anschnitt zunächst zitronengelb, dann sehr schnell blau und schließlich grau anlaufend.
Sporen 11–18 x 5–6 µm; elliptisch bis spindelförmig; Sporenpulver olivbraun.
Vorkommen In Laub- und Nadelwäldern, gern unter Eichen, aber auch in der Nähe von Buchen und Fichten; häufig; Mai bis Oktober.
Bemerkungen Gilt gut gekocht als wohlschmeckender Speisepilz, ist allerdings oft madig; roh verzehrte Pilze können Magenbeschwerden hervorrufen.
Verwechslungsmöglichkeiten Der ähnlich aussehende **Netzstielige Hexenröhrling** (*B. luridus,* S. 34) hat eine deutliche Netzzeichnung. Vom **Satansröhrling** (*B. satanas,* S. 36) unterscheidet sich der Flockenstielige Hexenröhrling durch den helleren Hut und die weniger starke und schnelle Blauverfärbung.

Boletus luridus

Netzstieliger Hexenröhrling

Hut ø 5–20 cm; jung halbkugelig, später gewölbt; Färbung sehr variabel, häufig gelb-oliv, olivbraun, ockerfarben oder orangebraun, manchmal auch rötlich; jung feinfilzig behaart, später glatt.
Röhren Jung gelb, später gelbgrün; Poren klein und rundlich, zunächst orange- oder ziegelrot, dann dunkelrot; bei Berührung schnell und kräftig blau anlaufend.
Stiel 4–20 x 1–5 cm; zunächst bauchig, dann keulenförmig oder zylindrisch; mit gelber Grundfarbe und auf ganzer Länge von einem roten Netz mit länglichen Maschen überzogen.
Fleisch Gelblich, an der Stielbasis oft weinrot; beim Anschneiden sofort blaugrün bis blau anlaufend, später aber wieder verblassend.
Sporen 10–15 x 5–7 µm; elliptisch bis spindelförmig; Sporenpulver olivbraun.
Vorkommen In Laub- und Nadelwäldern, manchmal auch in Parks; häufig; Juni bis Oktober.
Bemerkungen Ein roh giftiger Pilz, der Verdauungsstörungen verursachen kann. Gut gekocht gilt er als schmackhafter Pilz. Sollte nicht in Verbindung mit Alkohol verzehrt werden (vgl. Antabus-Reaktion).
Verwechslungsmöglichkeiten Der roh ebenfalls giftige **Flockenstielige Hexenröhrling** (*B. luridiformis,* S. 32) unterscheidet sich durch seinen netzlosen Stiel, der **Satansröhrling** (*B. satanas,* S. 36) hat einen sehr viel helleren Hut und verfärbt sich nicht so stark blau.

Boletus recticulatus

Sommersteinpilz, Eichensteinpilz

Synonym *B. aestivalis.*
Hut ø 12–25 cm; jung halbkugelig, später gewölbt; hell- bis nußbraun; Huthaut matt, bei Trockenheit zumeist zerrissen.
Röhren Zunächst weißlich, später gelbgrün; Poren klein, rund und von gleicher Farbe wie die Röhren; Druckstellen bleiben unverändert.
Stiel 7–15 x 2–5 cm; anfangs stark bauchig, später zylindrisch; grau- bis hellbraun und von einem deutlichen, weißen bis bräunlichen Netz überzogen.
Fleisch Weiß, an den Röhren zitronengelb, unter der Huthaut bräunlich. Mit nußartigem Geschmack.
Sporen 12–16 x 4,5–5,5 µm; spindelförmig und glatt; Sporenpulver hell olivbraun.
Vorkommen Hauptsächlich in Laubwäldern, gern unter Eichen und Buchen; relativ häufig; Mai bis September.
Bemerkungen Guter Speisepilz, allerdings oft madig.
Verwechslungsmöglichkeiten Hüten muß man sich vor dem ungenießbaren, bitteren **Gallenröhrling** (*Tylopilus felleus,* S. 52), der rosa gefärbte Röhren hat und vor dem giftigen **Satansröhrling** (*B. satanas;* S. 36) mit seinen rötlichen Röhren und seinem ebenso gefärbten Stiel. Ähnlich ist auch der eßbare **Echte Steinpilz** (*B. edulis,* S. 32), der allerdings früher im Jahr erscheint und außerdem vorzugsweise unter Fichten wächst.

Boletus satanas

Satansröhrling, Satanspilz

Hut ø 6 – 25 cm; jung fast kugelig, später gewölbt; weiß-, silber- bis olivgrau oder hell lederfarben; jung feinfilzig behaart, später glatt; Rand ein wenig nach innen eingerollt.
Röhren Anfangs gelblich, später zumeist gelbgrün; Poren klein, rundlich, anfangs gelb, später rot oder rotbraun, bei Druck grünblau anlaufend.
Stiel 4 – 15 x 3 – 10 cm; relativ gedrungen und an der Basis verdickt; in Hutnähe gelb, am Grunde zunehmend rötlicher gefärbt; in voller Länge mit einem erhabenen roten Netz überzogen.
Fleisch Weißlich bis gelb; im Anschnitt leicht blauend; alt oft mit unangenehmem Aas- oder Schweißgeruch.
Sporen 10 – 15 x 5 – 7 µm; Sporenpulver olivbraun.
Vorkommen Recht seltene, wärmeliebende Art, die man fast nur im Süden Deutschlands und dort bevorzugt an sonnigen Kalkhängen mit Laubbaumbestand (Eichen und Buchen) findet; Juni bis Oktober.
Bemerkungen Giftig. Sein Genuß kann Verdauungsstörungen hervorrufen. Da dieser Pilz relativ selten ist, sollte er unbedingt geschont werden.
Verwechslungsmöglichkeiten Eine gewisse Ähnlichkeit hat der roh und in Verbindung mit Alkohol giftige **Netzstielige Hexenröhrling** (*B. luridus,* S. 34). Dessen Hut ist aber niemals weißlich, außerdem läuft er viel schneller und stärker blau an. Dem ebenfalls giftigen **Schönfußröhrling** (*B. calopus,* S. 30) fehlen die roten oder rotbraunen Poren.

Chalciporus piperatus

Pfefferröhrling

Synonym *Boletus piperatus.*
Hut ø 2 – 6 cm; annähernd halbkugelig, im Alter oft flach; ocker- oder orange-, manchmal auch rostbraun; glatt und glänzend, bei Regen etwas klebrig oder schmierig.
Röhren Jung orange-, später rot- oder rostbraun; Poren groß, unregelmäßig eckig, von gleicher Farbe wie die Röhren.
Stiel 3 – 6 x 0,5 – 1 cm; schlank, zur Basis hin verjüngt, manchmal gebogen; von ähnlicher Farbe wie der Hut, am Grund oft zitronengelb.
Fleisch Zitronengelb, im Hut auch fleischrot; mit pfeffrig scharfem Geschmack.
Sporen 8 – 12 x 3 – 4 µm; spindelförmig; Sporenpulver rötlich bis braun.
Vorkommen In Nadel- und Mischwäldern, gern unter Kiefern und Fichten; häufig, manchmal in Gruppen, aber nie massenweise auftretend; Juli bis November.
Bemerkungen Wegen seines scharfen Geschmacks ungenießbar. Einem Gericht aus Mischpilzen können aber einige Exemplare als Würzpilze hinzugefügt werden. Getrocknet und pulverisiert läßt er sich als Pfefferersatz verwenden.
Verwechslungsmöglichkeiten Es gibt weitere, ähnlich aussehende und ebenfalls ungenießbare Arten dieser Gattung, die aber alle sehr selten sind.

Gyrodon lividus

Erlengrübling

Synonyme *Uloporus lividus, Boletus brachyporus.*

Hut ø 4–12 cm; anfangs halbkugelig, später flach gewölbt oder niedergedrückt, oft mit kleinen Grübchen; jung gelb, später ocker- bis rotbraun; Huthaut trocken leicht klebrig, feucht zumeist schmierig; Rand dünn und jung eingerollt, später aufgebogen und mit überstehender Huthaut.

Röhren Sehr kurz, alt unterschiedlich lang, nur sehr schwer vom Fleisch abzulösen; weit am Stiel herablaufend; jung gelblich, später oliv bis olivbraun; bei Druck zunächst blau, dann braun anlaufend; Poren anfangs sehr klein, später größer und deutlich eckig; wie die Röhren gefärbt.

Stiel 3–10 x 0,5–2 cm; am Grunde verjüngt und dort zumeist auch etwas gebogen; manchmal exzentrisch angewachsen; von gleicher Farbe wie der Hut.

Fleisch Gelblich, an der Stielbasis oft auch bräunlich; schwach blauend; Geruch und Geschmack etwas säuerlich.

Sporen 4–8 x 3–5 µm; kurz elliptisch; Sporenpulver ockerfarben bis bräunlich.

Vorkommen An feuchten Standorten und dort fast ausschließlich unter Erlen; ziemlich selten; Juli bis Oktober.

Bemerkungen Eßbar, aber von minderwertiger Qualität. Sollte wegen seiner Seltenheit nicht gesammelt werden.

Verwechslungsmöglichkeiten Aufgrund seines typischen Aussehens und seiner Anpassung an Erlen eigentlich unverwechselbar.

Gyroporus castaneus

Hasenröhrling, Rundfußröhrling, Zimtröhrling

Synonym *Boletus castaneus.*

Hut ø 3–10 cm; anfangs gewölbt, später flach; kastanien- bis zimtbraun; Huthaut trocken und samtig bis fein filzig.

Röhren Zunächst weiß, dann gelblich; Poren klein, rundlich und von ähnlicher Farbe wie die Röhren; bei Druck manchmal braun anlaufend.

Stiel 4–8 x 1–3 cm; zylindrisch bis keulenförmig; zunächst markig, dann gekammert, schließlich hohl; von ähnlicher Farbe wie der Hut, manchmal etwas heller.

Fleisch Weiß und brüchig.

Sporen 8–11 x 4–6 µm; elliptisch; Sporenpulver gelblich.

Vorkommen In Laub- und Nadelwäldern; zerstreut, in Norddeutschland weitgehend fehlend; Juli bis November.

Bemerkungen Wird in vielen Bestimmungsbüchern als eßbar bezeichnet. Es gibt inzwischen allerdings Hinweise auf eine Giftverdächtigkeit, so daß man ihn – auch weil er relativ selten ist – weder sammeln noch verzehren sollte.

Verwechslungsmöglichkeiten Der **Kornblumenröhrling** (*G. cyanescens,* S. 40) hat ebenfalls einen gekammerten bzw. hohlen Stiel, unterscheidet sich aber durch den andersfarbigen Hut und die intensive Blaufärbung an Schnitt- und Druckstellen. Eine ähnliche Hutfärbung zeigt der **Maronenröhrling** (*Xerocomus badius,* S. 54), dessen Röhren bei Druck blau anlaufen und der außerdem keinen gekammerten oder hohlen Stiel besitzt.

Gyroporus cyanescens

Kornblumenröhrling

Synonyme *Boletus cyanescens, Coelopus cyanescens, Suillus cyanescens.*
Hut ø 5–12 cm; anfangs halbkugelig, später gewölbt; blaßgelb, im Alter auch hellbraun; Huthaut trocken und filzig behaart.
Röhren Jung weiß, später auch gelblich; Poren klein und zumeist rundlich; ähnlich gefärbt wie die Röhren; bei Verletzung stark blauend.
Stiel 6–12 x 2–3 cm; zylindrisch, manchmal am Grunde verdickt; zunächst markig, dann gekammert, schließlich hohl; von gleicher Farbe wie der Hut.
Fleisch Weiß; verfärbt sich beim Anschneiden sofort intensiv (kornblumen-)blau.
Sporen 9–11 x 5–7 µm; kurz elliptisch; Sporenpulver blaßgelb.
Vorkommen In lichten Laub- und Nadelwäldern, gern zwischen Heidekraut und unter Kiefern oder Birken; saure Böden werden bevorzugt; normalerweise zerstreut, in manchen Regionen, etwa im Schwarzwald und in Bayern, etwas häufiger; Juli bis September.
Bemerkungen Eßbar, aber nicht sehr schmackhaft.
Verwechslungsmöglichkeiten Der nah verwandte **Hasenröhrling** *(G. castaneus,* S. 38) hat ebenfalls einen gekammerten oder hohlen Stiel, unterscheidet sich aber durch die Hutfarbe und die ausbleibende Blaufärbung an Schnitt- und Druckstellen.

Leccinum griseum

Hainbuchenröhrling

Hainbuchenrauhfuß, Graukappe

Synonym *L. carpini.*
Hut ø 5–15 cm; anfangs halbkugelig, später flach gewölbt; jung zumeist gelb- oder graubraun, im Alter oliv- bis schwarzbraun; Huthaut nicht abziehbar, oft runzlig bis grubig, bei älteren Exemplaren auch feldrig zerrissen, feucht manchmal etwas klebrig.
Röhren Sehr lang; zunächst weißlich, im Alter grau, ocker oder leicht oliv; Poren klein, rundlich und wie die Röhren gefärbt, bei Druck grau anlaufend.
Stiel 8–12 x 1–2 cm; sehr schlank, zylindrisch, an der Basis oft leicht bauchig, besonders bei jungen Exemplaren; normalerweise weißlich bis cremefarben und dicht mit grauen oder braunen bis schwärzlichen Schuppen besetzt.
Fleisch Bei älteren Pilzen ziemlich weich, besonders im Hut; weißlich, im Schnitt rötlich oder violett bis schwärzlich anlaufend.
Sporen 14–20 x 5–7 µm; länglich-spindelförmig; Sporenpulver bräunlich.
Vorkommen Im Laubwald, und dort fast ausschließlich unter Hainbuchen; verbreitet, aber nicht häufig; Juli bis Oktober.
Bemerkungen Jung guter Speisepilz, der sich bei der Zubereitung schwärzlich verfärbt und dann etwas unappetitlich aussieht, wobei die Verfärbung seinen Geschmack nicht aber beeinträchtigt.
Verwechslungsmöglichkeiten Mit anderen eßbaren Arten der Gattung *Leccinum,* etwa dem **Birkenröhrling** *(L. scarbrum,* S. 42), der hauptsächlich unter Birken wächst.

Leccinum rufum

Espenrotkappe, Rothäubchen

Synonyme *L. aurantiacum, Boletus rufus, B. versipellis.*
Hut ø 5 – 20 cm; anfangs halbkugelig, später gewölbt, schließlich breit polsterförmig; orangerot bis orangebraun, aber auch rötlich oder rotbraun, im Alter manchmal ausgeblaßt; Huthaut nicht abziehbar, normalerweise filzig und trocken, bei feuchtem Wetter oft auch etwas schmierig; Hutsaum am Rand etwas überstehend.
Röhren Sehr lang; zunächst weißlich, im Alter grau oder oliv; Poren ziemlich klein, rundlich und wie die Röhren gefärbt; bei Druck rötlich anlaufend.
Stiel 8 – 20 x 1 – 5 cm; jung leicht bauchig, später zylindrisch; sehr hell, mit weißlichen Schuppen, die sich später orange und schließlich bräunlich verfärben.
Fleisch Weißlich, an der Luft zunächst rötlich, dann schwärzlich anlaufend.
Sporen 13 – 16 x 4 – 5 µm; spindelförmig; Sporenpulver olivbraun.
Vorkommen Vorzugsweise unter Zitterpappeln (Espen); häufig; Juni bis Oktober.
Bemerkungen Guter Speisepilz, der roh giftig sein soll. Er verfärbt sich bei der Zubereitung schwärzlich und sieht dann etwas unappetitlich aus. Seinen Geschmack beeinträchtigt die Verfärbung nicht.
Verwechslungsmöglichkeiten Mit anderen eßbaren Arten der Gattung *Leccinum*, etwa der **Birkenrotkappe** (*L. versipelle*, S. 44), die hauptsächlich unter Birken wächst und deren Stielschuppen von Anfang an schwärzlich gefärbt sind.

Leccinum scabrum

Birkenpilz, Birkenröhrling, Kapuzinerröhrling

Synonym *Boletus scaber.*
Hut ø 5 – 15 cm; anfangs halbkugelig oder glockig, dann flach gewölbt; grau-, rot- oder dunkelbraun, manchmal auch weißlich oder schwarzbraun; jung fein filzig behaart und trocken, später glatt und manchmal etwas schmierig; Huthaut am Rand etwas überstehend.
Röhren Sehr lang, manchmal dicker als das Hutfleisch; zunächst weißlich später grau; Poren klein, rund oder etwas eckig, von gleicher Farbe wie die Röhren, manchmal auch leicht rosa; bei Druck schwärzlich anlaufend.
Stiel 8 – 15 x 1 – 2 cm; zylindrisch, oft mit leicht verdickter Basis; weißlich und in der Regel mit kleinen, sparrig abstehenden, grauen, braunen oder schwarzen Schuppen besetzt.
Fleisch Weißlich, im Alter auch weißgrau, bei feuchtem Wetter oft mit Wasser vollgesogen und daher schwammig.
Sporen 13 – 18 x 5 – 6 µm; spindelförmig; Sporenpulver gelblich bis blaß bräunlich.
Vorkommen Unter Birken; häufig; Juni bis November.
Bemerkungen Jung guter Speisepilz. Der Stiel ist allerdings oft holzig. Beim Kochen wird das Fleisch schwarz, was sich aber nicht negativ auf den Geschmack auswirkt.
Verwechslungsmöglichkeiten Mit anderen *Leccinum*-Arten, etwa der unter Zitterpappeln wachsenden **Braunen Rotkappe** (*L. duriusculum*), deren Fleisch an der Luft rötlich-violett anläuft, mit der ebenfalls unter Birken wachsenden **Birkenrotkappe** (*L. versipelle*, S. 44), deren Stielschuppen von Anfang an schwärzlich gefärbt sind.

Leccinum versipelle

Birkenrotkappe

Schwarzschuppige Rotkappe, Heiderotkappe

Synonym *L. testaceoscabrum.*
Hut ø 5 – 20 cm; anfangs halbkugelig, später breit polsterförmig; gelborange bis orangerot, aber auch ockerfarben oder ziegelrot, im Alter manchmal gelblich bis lederfarben; Huthaut feinfilzig und trocken, bei länger anhaltenen Regenfällen auch etwas klebrig; Hutrand zumeist deutlich überstehend.
Röhren Schmutzigweiß bis grau; Poren sehr klein, rundlich, schon jung rauch- oder olivgrau, im Alter oft etwas heller.
Stiel 10 – 18 x 2 – 5 cm; jung zumeist bauchig, später zylindrisch oder keulenförmig; weißlich und mit schwarzen bis schwarzbraunen Schuppen bedeckt.
Fleisch Weißlich; beim Durchschneiden rosaviolett oder violettgrau, in der Stielbasis blaugrün bis schwärzlich anlaufend.
Sporen 12 – 16 x 4 – 5 µm; spindelförmig; Sporenpulver bräunlich.
Vorkommen Unter Birken; stellenweise häufig; Juni bis Oktober.
Bemerkungen Guter Speisepilz, der sich allerdings beim Schmoren schwärzlich verfärbt und dann etwas unappetitlich aussieht. Der Geschmack wird durch die Verfärbung allerdings nicht beeinträchtigt.
Verwechslungsmöglichkeiten Mit anderen *Leccinum*-Arten, etwa der eßbaren **Espenrotkappe** (*L. rufum*, S. 42), die unter Zitterpappeln vorkommt und deren Stielschuppen anfangs weißlich sind, sich aber später bräunlich verfärben.

Porphyrellus porphyrosporus

Porphyrröhrling, Düsterer Röhrling

Synonyme *P. pseudoscaber, Boletus pseudoscaber.*
Hut ø 6 – 16 cm; anfangs halbkugelig, später gewölbt oder ausgebreitet; grau- bis schwarzbraun, manchmal auch etwas grünlich oder violett; an Druckstellen schwarzbraun anlaufend; Huthaut schwer ablösbar, fein samtig oder glatt.
Röhren Jung graubraun, später schwarzbraun; Poren winzig, rundlich; von ähnlicher Färbung wie die Röhren, bei Berührung dunkel anlaufend.
Stiel 6 – 16 x 1 – 4 cm; anfangs bauchig, später zylindrisch oder keulenförmig; von ähnlicher Farbe wie der Hut, an der Basis oft heller.
Fleisch Weißlich, bei Verletzung nach einigen Minuten rötlich oder blaugrün bis schwärzlich anlaufend; Geruch leicht säuerlich.
Sporen 14 – 18 x 6 – 7 µm; spindelförmig; Sporenpulver bräunlich.
Vorkommen Hauptsächlich in höher gelegenen Nadelwäldern, gern unter Kiefern, manchmal auch in Laubwäldern; nicht selten; Juli bis Oktober.
Bemerkungen Gilt jung als eßbar, aber nicht besonders schmackhaft. Macht aufgrund seiner Farbe einen unappetitlichen Eindruck und wird zumeist nicht gesammelt.
Verwechslungsmöglichkeiten Aufgrund seiner typischen Färbung kaum mit anderen Pilzen zu verwechseln. Der ebenfalls dunkle **Strubbelkopfröhrling** (*Strobilomyces strobilaceus*, S. 46) hat einen dicht mit Schuppen besetzten Hut und sehr typische, fast kugelige Sporen mit einer Netzornamentik.

Strobilomyces strobilaceus

Strubbelkopfröhrling

Synonym *S. floccopus.*

Hut ø 5 – 15 cm; anfangs fast kugelig, später gewölbt oder flach ausgebreitet; schwarzbraun; die dicke Huthaut ist in große wollig-filzige Schuppen aufgebrochen, die Aufbruchstellen sind weißlich; Rand zumeist mit Velumresten.

Röhren Anfangs weißlich bis grau, alt dunkler; Poren rundlich bis eckig, in Stielnähe zumeist größer; an Druckstellen rötlich.

Stiel 8 – 18 x 1 – 3 cm; zylindrisch, manchmal leicht gebogen; schwarzbraun bis schwarz, im oberen Teil oft heller; mit wollig-filzigem Belag, in Hutnähe auch kahl; im oberen Teil manchmal mit einer Ringzone.

Fleisch Weißlich bis grau; Schnittstellen laufen zunächst rötlich, dann schwärzlich an.

Sporen 10 – 13 x 8,5 – 10 µm; rundlich und mit Netzornamentik; Sporenpulver dunkelbraun bis fast schwarz.

Vorkommen In Laub- und Nadelwäldern, häufig unter Buchen; gesellig, stellenweise häufig; Juli bis Oktober.

Bemerkungen Gilt allgemein als ungenießbar. Da er nicht nur recht unappetitlich aussieht, sondern auch unangenehm riecht, wird er nur selten verwertet.

Verwechslungsmöglichkeiten Dank seiner typischen Färbung und des unverwechselbaren, schuppigen Hutes kaum mit anderen Pilzen zu verwechseln. Der ebenfalls dunkle **Porphyrröhling** (*Porphyrellus porphyrosporus,* S. 44) hat keinen schuppigen Hut und keine netzartig ornamentierten Sporen.

Suillus aerugineus

Grauer Lärchenröhrling

Synonyme *S. viscidus, S. lacrinius, Boletus viscidus.*

Hut ø 4 – 13 cm; anfangs gewölbt, später ausgebreitet; hell graubraun bis graugrün, manchmal auch oliv- oder rötlichgrau; Huthaut leicht abziehbar, bei Trockenheit faserschuppig, bei Feuchtkeit stark schmierig; Rand zumeist mit Resten des Velums, das Hut und Stiel bei jungen Exemplaren miteinander verbindet.

Röhren Relativ lang; angewachsen, oft leicht herablaufend; anfangs weißlich, später grau oder graubraun; Poren eckig und relativ groß, von ähnlicher Farbe wie Röhren.

Stiel 5 – 8 x 1,5 – 2 cm; zylindrisch; gelblich bis grau oder leicht bräunlich; Ring weißlich, im alter auch grau oder bräunlich, relativ dünn und vergänglich; unterhalb des Ringes manchmal mit unregelmäßigen Grübchen.

Fleisch Anfangs fest, später oft weich; weißlich bis grau oder blaugrau, im Stiel auch gelblich; Geruch leicht obstartig.

Sporen 8 – 15 x 3 – 6 µm; spindelförmig; Sporenpulver bräunlich.

Vorkommen Unter Lärchen; gern auf Kalkboden; nicht selten, aber weniger häufig als der Goldröhrling; Juli bis Oktober.

Bemerkungen Mittelmäßiger Speisepilz, der von vielen Sammlern wegen seines nicht allzu appetitlichen Aussehens verschmäht wird.

Verwechslungsmöglichkeiten Mit anderen Arten der Gattung *Suillus,* die mit einer Einschränkung (siehe **Butterpilz**, *S. luteus,* S. 50) alle eßbar sind.

Suillus bovinus

Kuhröhrling

Hut ø 5 – 10 cm; anfangs halbkugelig, später gewölbt, schließlich abgeflacht; gelb- bis orange- oder olivbraun; Huthaut schwer abziehbar, lederartig, kahl, bei Trockenheit klebrig, feucht schmierig.
Röhren Leicht herablaufend; zunächst gelblich, später ocker bis oliv; schwer vom Hutfleisch ablösbar; Poren eckig und in der Länge abgestuft; von gleicher Farbe wie die Röhren.
Stiel 4 – 10 x 0,5 – 2 cm; zylindrisch, an der Basis zumeist zugespitzt, oft gebogen; wie der Hut gefärbt.
Fleisch Weißlich bis blaß gelblich, im Stiel oft ein wenig rötlich; relativ zäh; mit leicht fruchtigem Geruch.
Sporen 7 – 10 x 3 – 4 µm; spindelförmig; Sporenpulver bräunlich bis oliv.
Vorkommen Vorzugsweise unter Kiefern; gern auf sandigen Böden; häufig; Juni bis November.
Bemerkungen Eßbar, aber wenig schmackhaft. Das Fleisch verfärbt sich beim Kochen rötlich.
Verwechslungsmöglichkeiten Die Art ähnelt auf den ersten Blick dem **Körnchenröhrling** (*S. granulatus,* S. 48), läßt sich jedoch anhand der fehlenden Körnung am Stiel leicht unterscheiden. Der **Goldröhrling** (*S. grevellei,* S. 50) hat einen beringten Stiel, der **Sandröhrling** (*S. variegatus,* S. 52) einen filzig trockenen Hut.

Suillus granulatus

Körnchenröhrling, Schmerling

Hut ø 4 – 10 cm; jung halbkugelig, später flach gewölbt; gelbbraun, rötlich oder braunrot; Huthaut trocken klebrig, bei Regen stark schmierig, leicht abziehbar.
Röhren Etwas herablaufend; zunächst hellgelb, später ockerfarben oder braungelb; Poren jung sehr klein, später etwas größer; eckig; von gleicher Farbe wie die Röhren; junge Exemplare scheiden oft weiße Milchtröpfchen aus.
Stiel 3 – 7 x 1 – 1,5 cm; zylindrisch; weißlich bis gelb, später oft bräunlich; die Stiele junger Exemplare scheiden, vornehmlich im oberen Bereich, milchige Tropfen aus, die sich durch Aufnahme von Sporenpulver später dunkel verfärben, und dem Stiel nach dem Eintrocknen die typische bräunliche Körnung verleihen.
Fleisch Weißlich bis gelblich, an der Stielbasis auch bräunlich.
Sporen 7 – 10 x 3 – 4 µm; spindelförmig; Sporenpulver bräunlich bis oliv.
Vorkommen Vorzugsweise unter Kiefern; stellenweise häufig; auf Sandböden zumeist fehlend; Juni bis November.
Bemerkungen Guter Speisepilz, der sich auch zum Trocknen eignet. Die Huthaut sollte entfernt werden.
Verwechslungsmöglichkeiten Mit dem **Butterpilz** (*S. luteus,* S. 50), der allerdings einen dunkleren Hut und einen beringten Stiel besitzt. Letzteres gilt auch für **Goldröhrling** (*S. grevellei,* S. 50), der außerdem fast immer unter Lärchen wächst. Der **Kuhröhrling** (*S. bovinus,* S. 48) hat keinen körnigen Stiel; beim **Sandröhrling** (*S. variegatus,* S. 52) ist die Huthaut filzig und trocken.

Suillus grevillei

Goldröhrling, Goldgelber Lärchenröhrling

Synonyme *Boletus elegans, B. grevillei, B. falvus.*
Hut ø 4–12 cm; anfangs stumpf kegelförmig, später flach gewölbt oder ausgebreitet, zumeist mit einem (manchmal nur angedeuteten) Spitzbuckel; zitronen- bis goldgelb oder gelb-orange, manchmal auch rotbraun; Huthaut leicht abziehbar, bei Trockenheit klebrig, feucht stark schmierig; Rand eingerollt und oft mit Resten des Velums.
Röhren Leicht herablaufend; normalerweise goldgelb, alt auch bräunlich oder oliv; Poren rundlich, von gleicher Farbe wie die Röhren; Druckstellen bräunlich anlaufend.
Stiel 5–12 x 1–2,5 cm; zylindrisch; jung mit einem schleimigen, weißlichen bis gelben Ring oder mit einer Ringzone; oberhalb des Ringes gelb, darunter bräunlich.
Fleisch Gelblich, im Stiel auch dunkler.
Sporen 7–11 x 3–4 µm; spindelförmig; Sporenpulver gelblich bis braun.
Vorkommen Unter Lärchen; häufig; Juni bis November.
Bemerkungen Guter Speisepilz. Die schleimige Huthaut sollte vor der Zubereitung entfernt werden.
Verwechslungsmöglichkeiten Mit dem **Butterpilz** (*S. luteus,* S. 50), der allerdings einen dunkleren Hut besitzt und vorzugsweise unter Fichten wächst; **Kuhröhrling** (*S. bovinus,* S. 48), **Körnchenröhrling** (*S. granulatus,* S. 48) und **Sandröhrling** (*S. variegatus,* S. 52) haben keinen Ring.

Suillus luteus

Butterpilz, Butterröhrling, Rotzling

Synonym *Boletus luteus.*
Hut ø 4–12 cm; zunächst halbkugelig, später flach gewölbt oder ausgebreitet, manchmal leicht gebuckelt; schokoladen- oder dunkelbraun; Huthaut leicht abziehbar, bei Feuchtigkeit zumeist mit einer dicken Schleimschicht bedeckt; Rand oft mit Velumresten.
Röhren Angewachsen oder leicht herablaufend; jung hellgelb, später olivgelb; Poren klein, wie die Röhren gefärbt.
Stiel 5–8 x 1–2,5 cm; zylindrisch; Ring anfangs weißlich, später braunviolett; oberhalb des Ringes weißlich bis gelblich mit dunkler Körnung, darunter oft bräunlich.
Fleisch Weißlich oder gelb; mit etwas säuerlichem Geschmack.
Sporen 7–10 x 3–3,5 µm; spindelförmig; Sporenpulver bräunlich.
Vorkommen In Nadelwäldern und dort besonders unter Kiefern; häufig; August bis November.
Bemerkungen Gilt als guter Speisepilz. Allerdings scheint nach häufigerem Verzehr bei einigen Menschen eine seltene Allergieform aufzutreten (vgl. Paxillus-Syndrom). Daher kann sein Genuß nicht uneingeschränkt empfohlen werden.
Verwechslungsmöglichkeiten Andere Arten der Gattung *Suillus,* etwa der **Goldröhrling** (*S. grevillei,* S. 50), der allerdings einen gold- oder orangegelben Hut besitzt und unter Lärchen wächst; **Kuhröhrling** (*S. bovinus,* S. 48), **Körnchenröhrling** (*S. granulatus,* S. 48) und **Sandröhrling** (*S. variegatus,* S. 52) haben keinen Ring.

Suillus variegatus

Sandröhrling, Sandpilz

Synonyme *Boletus aureus, Ixocomus variegatus.*
Hut ø 6 – 15 cm; jung halbkugelig, später gewölbt oder ausgebreitet; semmelfarben bis gelb- oder olivbraun; Huthaut nicht abziehbar, trocken und stark filzig geschuppt, so daß der Eindruck entsteht, sie sei mit Sand bestreut.
Röhren Etwas herablaufend; olivgrün bis olivbraun; Poren klein und von ähnlicher Farbe wie die Röhren, bei Berührung schwach blauend.
Stiel 5 – 10 x 2 – 4 cm; zylindrisch, an der Basis manchmal leicht verdickt; fein filzig; etwas heller als der Hut.
Fleisch Gelblich; an Schnittstellen leicht blauend.
Sporen 8 – 10 x 3 – 4 µm; spindelförmig; Sporenpulver bräunlich.
Vorkommen In Nadelwälder, gern unter Kiefern; höhere Lagen und saure Böden werden bevorzugt; häufig; Juli bis November.
Bemerkungen Mittelmäßiger Speisepilz. Junge, feste Exemplare lassen sich in Mischpilzgerichten verwenden.
Verwechslungsmöglichkeiten Aufgrund der typischen Huthaut leicht von den meisten anderen Arten der Gattung *Suillus* zu unterscheiden. Eine gewisse Ähnlichkeit besteht mit dem **Kuhröhrling** (*S. bovinus,* S. 48), der allerdings einen glatten Hut besitzt und dessen Fleisch sich nicht blau verfärbt.

Tylopilus fellus

Gallenröhrling, Gallenpilz

Synonym *Boletus fellus.*
Hut ø 5 – 12 cm; anfangs halbkugelig, später polsterförmig oder ausgebreitet; grau-, gelb-, rot- oder olivbraun; Huthaut nicht abziehbar, samtig-filzig und bei Trockenheit manchmal zerrissen.
Röhren Anfangs weiß, später rosa; im Alter oft unter dem Hutrand hervortretend; Poren winzig und von gleicher Farbe wie die Röhren; Druckstellen zumeist bräunlich.
Stiel 5 – 15 x 2 – 5 cm; anfangs bauchig, dann keulenförmig oder zylindrisch; hellbraun und mit bräunlicher Netzzeichnung.
Fleisch Weißlich, unter der Huthaut auch bräunlich; Geschmack bitter.
Sporen 11 – 15 x 4 – 5 µm, spindelförmig; Sporenpulver rosa.
Vorkommen In Nadelwäldern, gern unter Kiefern und Fichten; häufig; Juni bis Oktober.
Bemerkungen Stark bitter und daher ungenießbar. Schon ein Exemplar kann ein ganzes Pilzgericht verderben.
Verwechslungsmöglichkeiten Der Gallenröhrling ist der typische Doppelgänger der **Steinpilze** *(Boletus)* und wird oft mit ihnen verwechselt. Steinpilze haben allerdings ein helles Stielnetz auf braunem Grund, während das des Gallenröhrlings braun auf weißem Grund ist. Weitere auffällige Merkmale sind die rosa gefärbten Poren (die der Steinpilze sind gelb oder olivfarben), und die bräunlich anlaufenden Druckstellen (bei Steinpilzen keine farbliche Veränderung).

Xerocomus badius

Maronenröhrling

Braunhäuptchen, Marone, Frauenschwamm

Synonym *Boletus badius.*
Hut ø 5 – 15 cm; anfangs halbkugelig, später gewölbt, schließlich flach ausgebreitet; schokoladen- oder dunkelbraun, manchmal fast schwarz, alt oft ausgebleicht; Huthaut normalerweise feinfilzig bis samtig, bei feuchtem Wetter oft auch etwas schmierig.
Röhren Jung cremefarben oder blaßgelb, später gelbgrün bis oliv; Poren von ähnlicher Farbe wie die Röhren, bei Druck blaugrün anlaufend.
Stiel 5 – 12 x 2 – 5 cm; anfangs bauchig, später langgestreckt und zylindrisch; gelbbraun bis bräunlich, zumeist heller als der Hut; fein faserig oder samtig, nie mit Netzzeichnung.
Fleisch Weißlich bis blaßgelb, unter der Huthaut und im Stiel auch bräunlich; an Schnittstellen stark blauend.
Sporen 11 – 15 x 4 – 5 µm; spindelförmig; Sporenpulver olivbraun.
Vorkommen Hauptsächlich in Nadelwäldern, seltener auch in Laubwäldern; häufig, manchmal massenhaft auftretend; Juni bis November.
Bemerkungen Ausgezeichneter Speisepilz, der jung dem Steinpilz in nichts nachsteht.
Verwechslungsmöglichkeiten Eigentlich unverwechselbar. Von Steinpilzen unterscheidet er sich durch das starke Blauen und das fehlende Stielnetz, von den anderen, durchgängig eßbaren Arten der Gattung *Xerocomus,* etwa der **Ziegenlippe** (*X. subtomentosus,* S. 56) oder dem **Rotfußröhrling** (*X. chrysenteron,* S. 54) durch die Hut- und Stielfärbung.

Xerocomus chrysenteron

Rotfußröhrling

Hut ø 3 – 8 cm; anfangs halbkugelig, später gewölbt bis ausgebreitet; gelb- bis grau-, manchmal auch schwarzbraun; Huthaut filzig, alt oft felderig zerrissen, wobei das rötliche Hutfleisch durchschimmert.
Röhren Anfangs blaßgelb, später gelbgrün; Poren ziemlich groß, eckig und von ähnlicher Farbe wie die Röhren; Druckstellen grünlich oder blau anlaufend.
Stiel 4 – 10 x 0,5 – 1,5 cm; zylindrisch, häufig ein wenig gebogen, an der Basis zumeist verjüngt; gelb bis braungelb; teilweise oder auf ganzer Länge rötlich überlaufen.
Fleisch Gelblich, unter der Huthaut auch rötlich; im Schnitt leicht blauend; Geruch etwas säuerlich.
Sporen 12 – 15 x 5 – 6 µm; spindelförmig; Sporenpulver olivbraun.
Vorkommen In Laub und Nadelwäldern; häufig; im Flachland verbreiteter als im Gebirge; Juli bis November.
Bemerkungen Eßbar, alt oft schwammig und nahezu ungenießbar; fast immer madig.
Verwechslungsmöglichkeiten Der sehr ähnliche, ebenfalls ungiftige, aber sehr viel seltenere **Falsche Rotfußröhrling** (*X. porosporus*) läßt sich nur anhand der Sporen sicher abgrenzen (er hat einen im Mikroskop erkennbaren Keimporus). Die eßbare **Ziegenlippe** (*X. subtomentosus,* S. 56) kann ebenfalls einen rötlich überlaufenden Stiel besitzen. Allerdings reißt der Hut nicht felderig auf und die Röhren sind in der Regel leuchtend gelb. Außerdem laufen weder Druck- noch Schnittstellen blau an.

Xerocomus parasiticus

Schmarotzerröhrling

Hut ø 2 – 6 cm; anfangs fast kugelig, später ausgebreitet; grau- oder olivgelb, manchmal auch braungelb; Huthaut feinfilzig bis wildlederartig, ein wenig an eine Ziegenlippe (*X. subtomentosus,* S. 56) erinnernd, aber zumeist stärker aufgeplatzt; Rand oft etwas überstehend.
Röhren Jung zitronengelb, später auch gold- bis braungelb, am Stiel angewachsen oder etwas herablaufend; Poren von ähnlicher Farbe wie die Röhren.
Stiel 3 – 5 x 1 – 2 cm; zylindrisch, an der Basis oft verjüngt und gebogen; ocker- oder orangebraun; längsfaserig.
Fleisch Hellgelb, im Stiel und unter den Röhren zumeist etwas kräftiger gefärbt; nicht blauend, aber manchmal leicht rötend.
Sporen 11 – 18 x 3 – 5 µm; elliptisch; Sporenpulver olivbraun.
Vorkommen Bei diesem Pilz handelt es sich um einen der seltenen Fälle, bei dem ein Großpilz auf einem anderen Großpilz parasitiert. Bei dem Wirt handelt es sich um den **Dickschaligen Kartoffelbovisten** (*Scleroderma citrinum,* S. 132), an dessen Vorkommen er naturgemäß auch gebunden ist (siehe dort).
Bemerkungen Ungiftig, aber ohne Wert. Da die Art nur stellenweise etwas häufiger ist, sollte der Pilz unbedingt geschont werden.
Verwechslungsmöglichkeiten Da die Art stets gemeinsam mit dem **Dickschaligen Kartoffelbovisten** auftritt, ist sie praktisch unverwechselbar.

Xerocomus subtomentosus

Ziegenlippe

Synonyme *Boletus communis, B. subtomentosus.*
Hut ø 5 – 10 cm; anfangs halbkugelig, später flach gewölbt; gelboliv bis olivbraun, im Alter oft verblassend; Huthaut nicht abziehbar, samtig bis filzig und nur selten eingerissen.
Röhren Leuchtend gelb, im Alter oft ein wenig grünlich; Poren relativ groß und eckig, besonders in Stielnähe; von gleicher Farbe wie die Röhren.
Stiel 4 – 12 x 1 – 2 cm; zylindrisch, an der Basis zumeist etwas verjüngt; gelblich, im mittleren und oberen Teil oft auch rötlich oder bräunlich; in Hutnähe manchmal körnig.
Fleisch Weiß bis gelblich, im Stiel fast immer deutlich gelb; höchstens schwach blauend.
Sporen 12 – 14 x 4 – 6 µm; spindelförmig; Sporenpulver olivbraun.
Vorkommen In Laub- und Nadelwäldern; häufig; Juli bis Oktober.
Bemerkungen Jung guter Speisepilz, alt oft schwammig und madig.
Verwechslungsmöglichkeiten Mit dem **Rotfußröhrling** (*X. chrysenteron,* S. 54) und dem seltenen **Falschen Rotfußröhrling** *(X. porosporus).* Im Gegensatz zu diesen beiden Arten ist die Huthaut bei der Ziegenlippe nicht feldrig rot zerissen, die Röhren sind in der Regel leuchtend gelb, weder Druck- noch Schnittstellen laufen blau an.

Agaricus arvensis

Schafchampignon

Weißer Anisegerling, Anischampignon

Hut ø 5–15 cm; jung kugelig, später flach gewölbt, oft etwas bucklig; weiß, bei Berührung gelbfleckig; Huthaut seidig glänzend, manchmal mit feinen Flockenschuppen besetzt.
Lamellen Frei; gedrängt; schmal; anfangs graurosa (aber niemals rein rosa), später dunkel- bis schwarzbraun.
Stiel 5–15 x 1–2 cm; zylindrisch, an der Basis manchmal verdickt; alt oft hohl; weiß; Ring doppelt, hängend, an der Unterseite zumeist mit zahnradartiger Struktur.
Fleisch Weiß; Geruch anisartig.
Sporen 6–8 x 4,5–5,5 µm; oval; Sporenpulver braunschwarz.
Vorkommen Auf gedüngten Wiesen, Viehweiden und in Parks, seltener im Nadelwald; häufig; Mai bis Oktober.
Bemerkungen Guter Speisepilz, der schmackhafteste unter den Champignons.
Verwechslungsmöglichkeiten Mit dem sehr ähnlichen, aber giftigen **Karbolchampignon** (*Agaricus xanthoderma,* S. 62). Dieser riecht unangenehm nach Phenol, seine Lamellen sind jung zumeist rein rosa, außerdem verfärbt er sich bei Druck nicht zitronen-, sondern chromgelb. Knollenblätterpilze, etwa die weiße Varietät des tödlich giftigen **Grünen Knollenblätterpilzes** (*Amanita phalloides* var. *verna,* S. 68) und der nicht weniger gefährliche und ebenfalls weiße **Kegelhütige Knollenblätterpilz** (*A. virosa,* S. 72) unterscheiden sich durch die Volva an der Stielbasis.

Agaricus bisporus

Zweisporiger Champignon, Zuchtchampignon

Hut ø 5–15 cm; anfangs fast kugelig, später flach gewölbt, schließlich ausgebreitet; die Färbung kann stark variieren, wobei die Wildform jung zumeist weißlich und im Alter braun geschuppt ist, während Zuchtexemplare einen glatten, durchgängig weißen oder gelblichen Hut haben; Rand lange eingerollt und häufig mit weißlichen Resten des Velums.
Lamellen Frei; gedrängt; zunächst fleischrosa, später dunkel- bis schwarzbraun.
Stiel 3–7 x 1–2 cm; kurz, zylindrisch; weiß, an der Spitze oft rötlich; Ring weiß, häutig und nach unten abziehbar; unterhalb des Ringes häufig flockig.
Fleisch Weiß, beim Anschneiden leicht rötlich anlaufend.
Sporen 6–8 x 5–5,5 µm; rundlich bis eiförmig; Sporenpulver dunkelbraun.
Vorkommen In Parks und Gärten, gern auf Komposthaufen oder in Frühbeeten und an anderen, gut gedüngten Standorten; wird in großem Maßstab kultiviert; häufig; Mai bis November.
Bemerkungen Guter Speisepilz, von dem es zahlreiche Rassen gibt. Die Zuchtform wird von einigen Autoren auch als eigene Art *(A. hortensis)* geführt.
Verwechslungsmöglichkeiten Siehe *Agaricus arvensis.*

Agaricus bitorquis

Stadtchampignon, Scheidenegerling

Synonym *A. edulis, A. campestris var. edulis, A. rodmanii.*
Hut ø 3 – 15 cm; anfangs halbkugelig, später ausgebreitet und in typischer Weise am Scheitel abgeflacht; weißlich, im Alter auch schmutziggelb; Rand relativ dick und lange eingerollt.
Lamellen Frei; gedrängt; zunächst rosa, dann dunkelbraun; an der Schneide oft weißflockig.
Stiel 3 – 6 x 1 – 2 cm; kurz und an der Basis verjüngt; weiß; doppelt beringt, wobei der untere Teil zumeist nur als kragenartige Zone ausgebildet ist.
Fleisch Weiß, beim Anschneiden manchmal leicht rötlich anlaufend.
Sporen 4 – 6 x 4 – 5 µm; rundlich; Sporenpulver purpurbraun.
Vorkommen Einer der Pilze, der auch in Städten zu finden ist, etwa in Parks, Gärten, auf Abfallhaufen, Schutthalden, Mülldeponien oder an Straßenrändern, wo er sogar den Asphalt aufbrechen oder Steine anheben kann; häufig; Mai bis Oktober.
Bemerkungen Guter Speisepilz, aber oft umweltbelastet.
Verwechslungsmöglichkeiten Siehe *Agaricus arvensis.*

Agaricus campestris

Wiesenchampignon, Wiesenegerling, Feldegerling

Hut ø 4 – 12 cm; anfangs halbkugelig, später flach gewölbt, schließlich ausgebreitet; weiß, im Alter auch gelbbraun oder rötlich; Druckstellen verfärben sich schnell deutlich chromgelb; Huthaut leicht abziehbar und zumeist mit dunklen Schuppen besetzt, am Rand oft auffällig überstehend.
Lamellen Frei; gedrängt; zunächst rosa, später braun oder fast schwarz.
Stiel 3 – 8 x 1–2 cm; zylindrisch; mit einem weißen, einschichtigen, vergänglichen Ring; weiß, an der Basis oft bräunlich, unterhalb des Ringes flockig.
Fleisch Weiß, beim Anschneiden schwach rötlich anlaufend.
Sporen 7–10 x 5 – 6 µm; elliptisch; Sporenpulver dunkelbraun.
Vorkommen Oft massenhaft (besonders in trockenen Jahren) auf gedüngten Wiesen, Feldern oder Viehweiden, aber auch in Parks und Gärten, nur selten in Wäldern; häufig; Mai bis November.
Bemerkungen Guter Speisepilz.
Verwechslungsmöglichkeiten Siehe *Agaricus arvensis.*

Agaricus silvaticus

Waldegerling

Kleinsporiger Waldchampignon, Kleiner Blutegerling

Hut ø 5 – 10 cm; jung glockig gewölbt, alt ausgebreitet und manchmal schwach gebuckelt; anfangs ocker, später zimtfarben, an Druckstellen rot anlaufend; Huthaut mit dunkleren, normalerweise braunen Fasern und Schuppen.
Lamellen Frei; gedrängt; zunächst graurosa, später rötlich, braun oder fast schwarz.
Stiel 7 – 10 x 1 – 1,5 cm; zylindrisch, mit keulig verdickter Basis; weiß; glatt, manchmal mit bräunlichen Schuppen, Druckstellen verfärben sich rot; Ring dünnhäutig und leicht vergänglich, nach oben abziehbar.
Fleisch Relativ dünn; weiß, beim Anschneiden sofort blutrot anlaufend; Geruch nach frischem Holz.
Sporen 5 – 6 x 3 – 4 µm; elliptisch; Sporenpulver bräunlich.
Vorkommen In Nadel- oder Mischwäldern, gern unter Fichten; Kalkböden werden bevorzugt; ziemlich häufig, oft gesellig; Juli bis Oktober.
Bemerkungen Eßbar. Guter Speisepilz.
Verwechslungsmöglichkeiten Mit dem **Perlhuhnegerling** *(A. praeclaresquamosus)* oder dem **Rebhuhnegerling** *(A. phaeolepidotus)*, die giftig, aber relativ selten sind. Beide verfärben sich beim Anschneiden – besonders an der Stielbasis – nicht rot sondern gelb. Daneben gibt es eine Reihe von anderen Waldegerlingen, die sich zwar ebenfalls rötlich verfärben, aber alle eßbar sind. Anfänger sollten sich davor hüten, den Waldegerling mit giftigen und ebenfalls rötenden Schirmpilzarten zu verwechseln.

Agaricus xanthoderma

Karbolchampignon, Karbolegerling, Tintenegerling

Hut ø 6 – 15 cm; zunächst kegelförmig, dann ausgebreitet, im Scheitel von Anfang an abgeflacht; weiß, manchmal in der Hutmitte bräunlich; Druckstellen verfärben sich sofort chromgelb; Huthaut in der Regel glatt, an sonnigen Standorten manchmal auch mit feinen, grauen Schuppen.
Lamellen Frei; gedrängt; relativ schmal; anfangs rosa, später dunkelbraun bis schwärzlich.
Stiel 5 – 15 x 1 – 2 cm; zylindrisch, an der Basis oft knollig; weiß; mit einem doppelten, dauerhaften Ring, der nach oben abziehbar ist.
Fleisch Weiß, an der Stielbasis chromgelb; Geruch unangenehm nach Phenol (ein früher unter der Bezeichnung Karbol häufig verwendetes Desinfektionsmittel) oder Tinte.
Sporen 5 – 6,5 x 3 – 4 µm; oval; glatt; Sporenpulver braun bis schwarz.
Vorkommen In Wäldern, aber auch auf gedüngten Wiesen, Weiden, in Parks, Gärten (nicht selten auf Komposthaufen), oder an Straßenrändern; bevorzugt nährstoffreiche und kalkhaltige Böden; häufig; Mai bis Oktober.
Bemerkungen Giftig. Der Karbolchampignon kann schwere Darmverstimmungen hervorrufen (vgl. Gastrointestinales Pilzsyndrom). Manche Menschen vertragen ihn jedoch problemlos.
Verwechslungsmöglichkeiten Der Karbolchampignon ähnelt anderen, eßbaren Champignons, etwa dem **Schafchampignon** (*A. arvensis,* S. 58).

Amanita citrina

Gelblicher Knollenblätterpilz

Gelber Knollenblätterpilz

Synonyme *A. mappa, Agaricus citrinus.*
Hut ø 5–10 cm; anfangs halbkugelig, später flach gewölbt; zitronen- oder schwefelgelb, auch gelbgrün oder weiß; Huthaut mit weißen, gelben bis braunen Velumresten.
Lamellen Frei; gedrängt; weich; weißlich bis blaßgelb.
Stiel 5–15 x 1–2 cm; zylindrisch, an der Basis mit einer rundlichen Knolle, an der manchmal noch lappige Volvareste sitzen und die mit einem kantigen Wulst vom Stiel abgesetzt ist; alt oft hohl; von ähnlicher Farbe wie der Hut; mit einem herabhängenden, schwach gerieften Ring.
Fleisch Weiß, unter der Huthaut manchmal auch gelblich; Geruch deutlich nach Rettich oder rohen Kartoffeln.
Sporen 7–10 µm; fast kugelig; Sporenpulver weiß.
Vorkommen In Laub- und Nadelwäldern; sehr häufig; Juli bis November.
Bemerkungen Giftig, enthält allerdings kein Amanitin, sondern Bufotenin, das Verdauungsstörungen verursachen kann.
Verwechslungsmöglichkeiten Mit anderen Knollenblätterpilzen, etwa dem **Grünen Knollenblätterpilz** (*A. phalloides,* S. 66) oder dem **Narzissengelben Wulstling** *(A. gemmata)*, von denen er sich hauptsächlich durch seinen typischen Geruch unterscheidet.

Amanita excelsa

Gedrungener Wulstling

Hoher Wulstling, Grauer Wulstling

Synonyme *A. spissa, A. cinerea, Agaricus spissa.*
Hut ø 7–15 cm; anfangs halbkugelig, später flach gewölbt; graubraun bis leicht violett; Huthaut mit weißlichen oder grauen Velumresten, können abgewaschen sein.
Lamellen Frei; gedrängt; weißlich.
Stiel 5–12 x 1–3 cm; zylindrisch, an der Basis mit einer zugespitzten Knolle, auf der zumeist mehrere Schuppengürtel zu erkennen sind, die Stielbasis geht ohne deutlichen Absatz in die Knolle über; anfangs weißlich später auch graubraun; mit einem herabhängenden, weißlichen, gerieften Ring; die Volva ist auf wenige flockige Reste reduziert oder fehlt.
Fleisch Weißlich, manchmal bräunlich fleckend.
Sporen 9–10 x 6–8 µm; rundlich bis oval; Sporenpulver weiß.
Vorkommen In Laub- und Nadelwäldern; stellenweise häufig; Juni bis Oktober.
Bemerkungen Eßbar, aber nicht sehr schmackhaft. Wegen der Verwechslungsgefahr mit dem giftigen Pantherpilz sollte man auf den Verzehr verzichten.
Verwechslungsmöglichkeiten Mit dem gefährlichen **Pantherpilz** (*A. pantherina,* S. 66), der aber eine etwas anders geformte Stielknolle, einen gerieften Hutrand und einen ungerieften Ring hat. Eine sichere Unterscheidung ist jedoch schwierig und setzt einige Erfahrung beim Bestimmen von Pilzen voraus. Eine weitere, aber ungefährliche Verwechslungsmöglichkeit besteht mit dem eßbaren **Perlpilz** (*A. rubescens,* S. 70).

Amanita muscaria

Fliegenpilz

Synonyme *Agaricus muscaria, A. pseudo-aurantiacus.*
Hut ø 5–20 cm; anfangs fast eiförmig, dann halbkugelig, im Alter flach ausgebreitet; hell- bis dunkelrot, manchmal auch orangegelb, im Alter oft ausgeblaßt; Huthaut mit weißen oder gelblichen, flockigen Velumresten, die abgewaschen sein können; Rand mehr oder weniger deutlich gerieft.
Lamellen Frei; sehr gedrängt; mit Zwischenlamellen; bauchig; weiß oder leicht gelblich.
Stiel 10–25 x 1–3 cm; zylindrisch, mit knollig verdickter Basis; am Übergang zur Knolle sind zumeist zwei deutliche Warzengürtel zu erkennen; anfangs voll oder markig, später auch hohl; weiß; der herabhängende Ring ist weiß oder gelblich.
Fleisch Weiß, unter der leicht abziehbaren Huthaut auch gelb bis orange.
Sporen 10–12 x 6–8 µm; elliptisch; Sporenpulver weiß.
Vorkommen In Laub- und Nadelwäldern, gern unter Birken oder Fichten; oft auf sauren Böden; häufig; August bis November.
Bemerkungen Giftig. Seinen Namen verdankt dieser Pilz der angeblichen Eigenschaft, in Milch aufgelöst als Fliegengift zu wirken, was allerdings nicht zutrifft.
Verwechslungsmöglichkeiten Der ebenfalls giftige, aber seltenere **Königsfliegenpilz** *(A. regalis)* unterscheidet sich durch den braunen Hut. Der eßbare und sehr begehrte, aber wärmeliebende **Kaiserling** *(A. caesarea)* kommt in Deutschland nur an sehr wenigen Stellen (z. B. im Kaiserstuhl) vor.

Amanita pantherina

Pantherpilz

Synonyme *Agaricus pantherina, A. maculatus.*
Hut ø 5–15 cm; anfangs halbkugelig, später flach ausgebreitet; mit sehr variabler Färbung, von ockerfarben über grau- und gelbbraun bis braunoliv, in der Mitte oft dunkler als am Rand; Huthaut mit weißlichen oder grauen Velumresten, die aber durch den Regen abgewaschen sein können; Rand deutlich gerieft, besonders im Alter.
Lamellen Frei; gedrängt; zumeist ungleich lang; weiß.
Stiel 5–15 x 0,5–1,5 cm; zylindrisch, an der Basis mit wulstig gerandeter Knolle, in die der Stiel eingepfropft zu sein scheint und mit mehreren Gürtelzonen; anfangs voll oder markig, später oft hohl; weiß; mit einem schmalen, weißlichen, ungerieften, weit unten ansetzenden Ring.
Fleisch Weiß; Geruch rettichartig.
Sporen 8–11 x 7–8 µm; elliptisch; Sporenpulver weiß.
Vorkommen In Laub- und Nadelwäldern, vorzugsweise auf sauren Böden; standorttreu; häufig; Juli bis Oktober.
Bemerkungen Stark giftig (vgl. Pantherina-Syndrom).
Verwechslungsmöglichkeiten Es besteht eine große Ähnlichkeit mit dem eßbaren **Gedrungenen Wulstling** (*A. excelsa,* S. 64). Dieser unterscheidet sich durch seinen gerieften Ring, den glatten Hutrand und seine etwas anders geformte Stielknolle. Verwechslungen sind auch mit dem eßbaren **Perlpilz** (*A. rubescens,* S. 70) möglich, dessen Fleisch aber bei Verletzung rötlich anläuft.

Amanita phalloides

Grüner Knollenblätterpilz

Giftgrünling, Schierlingsschwamm

Hut ø 5–15 cm; anfangs halbkugelig, später glockig gewölbt, schließlich flach ausgebreitet, manchmal etwas niedergedrückt; glatt, aber eingewachsen faserig und feucht oft etwas schmierig; Farbe veränderlich und nicht gleichmäßig, zumeist olivgrün, aber auch gelb-, grau- oder blaugrün, manchmal weißlich, in der Mitte zumeist dunkler als am Rand; Huthaut nur selten mit Velumresten.

Lamellen Frei; gedrängt; weiß, im Alter auch grünlich.

Stiel 6–15 x 1–2 cm; zylindrisch, mit knolliger Stielbasis, die in einer weißlichen, offen abstehenden, oft in mehrere Zipfel zerrissenen Volva steckt; anfangs voll, später auch hohl; etwas blasser als der Hut und mehr oder weniger deutlich grün genattert; der weißliche, herabhängende Ring kann auf der Oberseite fein gerieft sein.

Fleisch Weiß, unter der Huthaut manchmal auch gelbgrün; jung geruchlos, später zumeist ein wenig süßlich, im Alter auch ammoniakartig.

Sporen 8–11 x 7–9 µm; annähernd kugelig oder ein wenig eiförmig; Sporenpulver weiß.

Vorkommen In Laub- und Mischwäldern, oft auch in Parks, gern unter Eichen, Rotbuchen oder Kastanien, seltener unter Nadelbäumen; häufig; Juli bis November.

Bemerkungen Einer der gefährlichsten Giftpilze und für die meisten tödlichen Un-fälle verantwortlich (die Sterblichkeitsrate nach einer Vergiftung liegt trotz aller Behandlungsfortschritte immer noch bei etwa 50 Prozent), so daß jeder Sammler diesen Pilz ganz genau kennen sollte. Es gibt eine weiße Varietät *(A. p.* var. *verna),* die früher auch als eigene Art *(A. verna)* geführt wurde. Außer in der Farbe unterscheidet sie sich aber nicht von *A. phalloides.*

Verwechslungsmöglichkeiten Die größte Gefahr besteht darin, die weiße Varietät des Grünen Knollenblätterpilzes *(A. p.* var. *verna)* mit dem schmackhaften **Schafchampignon** (*Agaricus arvensis,* S. 58) zu verwechseln. Beide Arten haben einen Ring, aber dem Champignon fehlt die Volva an der Stielbasis. Eine gewisse Ähnlichkeit besteht außerdem mit dem eßbaren **Grünling** (*Tricholoma equestre,* S. 114), der allerdings gelbe und niemals weiße Lamellen besitzt. Unter den eßbaren **Täublingen** *(Russula),* gibt es ebenfalls einige grün gefärbte Arten, etwa den **Gefelderten Grüntäubling** *(Russula virescens)* den **Grünen Speisetäubling** *(R. heterophylla)* oder auch den **Grasgrünen Täubling** (*R. aeruginea,* S. 108), die allerdings weder Ring noch Knolle besitzen. Ringlos sind auch grün gefärbte **Milchlinge** *(Lactarius),* etwa der **Graugrüne Milchling** *(Lactarius blennius)*; außerdem tritt bei ihnen nach einer Verletzung ein weißer Milchsaft aus. Das Fehlen des Ringes ist allerdings nicht immer ein sicheres Merkmal, da dieser abgefallen sein kann.

Amanita porphyria

Porphyrbrauner Wulstling

Hut ø 4 – 8 cm; anfangs glockig, später flach gewölbt, manchmal gebuckelt; graubraun, oft mit einem leicht violetten Stich; Huthaut mit dünnen, grauen Velumresten, die aber abgewaschen sein können.
Lamellen Frei; gedrängt; weißlich, im Alter oft etwas nachgedunkelt.
Stiel 6 – 10 x 0,5 – 2 cm; zylindrisch, an der Basis mit einer rundlichen Knolle, an der normalerweise noch graue Volvareste sitzen und die mit einem Wulst vom Stiel abgesetzt ist; alt oft hohl; von ähnlicher Farbe wie der Hut, manchmal auch weißlich und mit dunkler Natterung; Ring weißlich, am Rand auch grau, hängend, oberseits nicht oder kaum gerieft, vergänglich.
Fleisch Weißlich, unter der Huthaut violett; riecht nach rohen Kartoffeln oder Rettich.
Sporen 8 – 10 µm; rundlich; Sporenpulver weiß.
Vorkommen In Nadelwäldern; auf sauren Böden stellenweise häufig, sonst selten, auf Kalk fehlend; Juli bis Oktober.
Bemerkungen Giftig. Die Art enthält allerdings nicht das tödlich giftige Amanitin anderer Wulstlinge, sondern Bufotenin, das starke Verdauungsstörungen verursachen kann.
Verwechslungsmöglichkeiten Mit dem **Gedrungenen Wulstling** (*A. excelsa,* S. 64) und dem **Perlpilz** (*A. rubescens,* S. 70), die beide eßbar sind, auf die man aber wegen der Verwechslung mit dem Porphyrbraunen Wulstling und anderen giftigen *Amanita*-Arten, etwa dem sehr gefährlichen **Pantherpilz** (*A. pantherina,* S. 66), besser verzichten sollte.

Amanita rubescens

Perlpilz, Rötender Wulstling, Perlwulstling

Synonyme *A. rubens.*
Hut ø 5 – 15 cm; anfangs halbkugelig, später gewölbt, alt flach ausgebreitet; fleischfarben bis rötlichbraun, seltener auch gelbgrün, im Alter oft mit weinroten Flecken; Huthaut leicht abziehbar und zumeist mit grauen bis fleischfarbenen Velumresten, die aber vom Regen abgewaschen sein können.
Lamellen Frei; gedrängt; weißlich, alt rötlich fleckend.
Stiel 6 – 20 x 1 – 3,5 cm; zylindrisch, an der Basis keulig bis knollig und mit mehr oder weniger deutlichen Warzengürteln; weiß, später auch rötlich oder rotbraun; der weiße, manchmal auch gelbliche, längsgeriefte und herabhängende Ring ist oft abgefallen.
Fleisch Weiß, an Schnittstellen weinrot anlaufend (dauert manchmal einige Zeit).
Sporen 7 – 9 x 5 – 7 µm; elliptisch; Sporenpulver weiß.
Vorkommen In Laub- und Nadelwäldern; häufig; Juni bis Oktober.
Bemerkungen Eßbar, aber nicht sehr wohlschmeckend. Soll roh für manche Menschen unbekömmlich sein, so daß man Perlpilze gut kochen sollte.
Verwechslungsmöglichkeiten Mit dem giftigen **Pantherpilz** (*A. pantherina,* S. 66), von dem er sich durch den deutlich gerieften Ring, den glatten Hutrand, die Hutfärbung und die unterschiedliche Stielbasis abgrenzen läßt. Ähnlich ist auch der ebenfalls eßbare **Gedrungene Wulstling** (*A. excelsa,* S. 64). Er unterscheidet sich durch die Färbung, das nicht rötende Fleisch und die Stielknolle.

Amanita vaginata

Grauer Scheidenstreifling, Ringloser Wulstling

Hut ø 3–10 cm; anfangs kegelförmig bis glockig, später flach ausgebreitet und zumeist mit einem kleinen Buckel; Färbung sehr variabel, von weißlich über grau, gelb, grün, rötlich bis braun; Hutrand auffällig gerieft bis rippig; Huthaut manchmal mit Resten des Velums.

Lamellen Frei; gedrängt; weiß; Schneiden flaumig bewimpert.

Stiel 6–15 x 0,5–1,5 cm; zylindrisch, an der Spitze leicht verjüngt; alt oft hohl; von ähnlicher Farbe wie der Hut, manchmal genattert; ohne Ring und Knolle, aber mit einer Volva, die weit hinaufreichen kann.

Fleisch Weiß; weich und brüchig.

Sporen 8–12 µm; kugelig; Sporenpulver weiß.

Vorkommen In Laub- und Nadelwäldern; stellenweise häufig; August bis Oktober.

Bemerkungen Gilt gekocht als eßbar. Wegen seiner Ähnlichkeit mit anderen, giftigen Arten aus der Gattung *Amanita*, sollte man auf den Verzehr dieses geschmacklich unbedeutenden Pilzes verzichten.

Verwechslungsmöglichkeiten Wegen der variablen Färbung sind Verwechslungen mit tödlich giftigen Wulstlingen möglich, etwa mit dem **Grünen Knollenblätterpilz** (*A. phalloides,* S. 68) oder mit dem **Pantherpilz** (*A. pantherina,* S. 66).

Amanita virosa

Kegelhütiger Knollenblätterpilz

Kegeliger Wulstling, Spitzhütiger Knollenblätterpilz, Weißer Knollenblätterpilz,

Hut ø 4–10 cm; anfangs eiförmig, dann kegelförmig bis glockig, später ausgebreitet und mit einem leichten Buckel; auffällig dünnfleischig; weiß, in der Mitte manchmal ockerfarben oder bräunlich; Huthaut leicht abziehbar, bei Feuchtigkeit etwas schmierig, zumeist frei von Velumresten.

Lamellen Frei; gedrängt; mit Zwischenlamellen; weiß.

Stiel 8–15 x 0,5–1,5 cm; zylindrisch, auffallend schlank, nach oben etwas verjüngt, die knollige Basis ist von einer weißen, zumeist eng anliegenden sackförmigen Volva umgeben; alt oft hohl; weiß; mit einem unauffälligen, häutigen Ring, der recht häufig zerrissen oder herabgefallen ist, unterhalb des Ringes manchmal mit kleinen, faserigen Stielschuppen.

Fleisch Weiß; weich; Geruch etwas muffig.

Sporen 8–10 µm; kugelig; Sporenpulver weiß.

Vorkommen Vorzugsweise in feuchten Nadelwäldern, aber auch in Mooren; gern auf sauren Böden; verbreitet, aber nicht häufig; Juni bis Oktober.

Bemerkungen Tödlich giftig und ebenso gefährlich wie der **Grüne Knollenblätterpilz** (*A. phalloides,* S. 68).

Verwechslungsmöglichkeiten Mit dem eßbaren **Schafchampignon** (*Agaricus arvensis,* S. 58) oder anderen Champignons, die aber, zumindest bei der Reife, keine weißen Lamellen haben.

Armillaria mellea

Hallimasch, Honigringling, Stubbling

Hut ø 4–12 cm; anfangs kugelig, später gewölbt, schließlich mehr oder weniger flach ausgebreitet, zumeist mit einem kleinen Buckel; honiggelb bis dunkelbraun, manchmal auch graugrün oder rotbraun; Huthaut mit feinen braunen oder schwärzlichen Schuppen, die in der Hutmitte oft dichter angeordnet sind, so daß dort eine dunklere Färbung entsteht, manchmal sind die Schuppen allerdings vom Regen abgewaschen; Rand lange eingebogen, im Alter manchmal auch gerieft.
Lamellen Herablaufend; entfernt; dünn; weißlich, gelblich oder bräunlich, im Alter oft dunkel gefleckt oder durch die Sporen mehlig bestäubt.
Stiel 5–18 x 1–2,5 cm; zylindrisch, an der Basis manchmal etwas verdickt, häufig gebogen; zäh; zunächst voll, später zumeist hohl; mit einem häutigen, weißlichen, oberseits gerieften, unterseits flockigen Ring; gelblich oder bräunlich, unterhalb des Ringes oft weißflockig, an der Basis auch oliv oder fast schwärzlich.
Fleisch Weiß; im Stiel faserig und zäh.
Sporen 7–10 x 5–6 µm; eiförmig; Sporenpulver weiß.
Vorkommen Büschelig auf Laub- und Nadelhölzern; gefürchteter Holzschädling, der beträchtliche Forstschäden verursachen kann; Teile seines Mycel leuchten manchmal im Dunkel des durchwucherten Holzes (Biolumineszenz); häufig, in manchen Jahren massenhaft auftretend; September bis November.
Bemerkungen Roh leicht giftig, gekocht eßbar. Normalerweise reicht es, die Pilze sorgfältig abzubrühen (Wasser wegschütten), wer sicher gehen will, sollte sie etwa 20 Minuten lang abkochen. Es gibt allerdings Menschen, die diesen Pilz auch dann noch nicht vertragen. Da die Stiele sehr zäh sind, können zum Verzehr nur die Hüte verwendet werden. Die Abgrenzung der Arten innerhalb der Gattung *Armillaria* ist uneinheitlich. Nach Ansicht einiger Autoren lassen sich von der „Sammelart" *A. mellea* weitere, allerdings sehr ähnliche Kleinarten abgrenzen, z. B. *A. ostoyae.* Die Unterschiede sind jedoch so gering, daß hier auf eine weitere Unterteilung verzichtet wurde.
Verwechslungsmöglichkeiten Mit anderen, büschelig auf Holz wachsenden Arten. Besonders gefährlich ist eine Verwechslung mit dem tödlich giftigen **Nadelholzhäubling** (*Galerina marginata,* S. 86). Dieser unterscheidet sich durch den bernsteinfarbenen bis rötlichbraunen, schuppenlosen Hut und den gerieften Rand; außerdem kommt er fast ausschließlich auf Nadelholz vor. Der ungenießbare **Sparrige Schüppling** *(Pholiota squarrosa)* hat gröbere und abstehendere Schuppen an Hut und Stiel und braunes Sporenpulver. Das eßbare **Stockschwämmchen** (*Kuehneromyces mutabilis,* S. 94) hat ebenfalls einen schuppenlosen, aber honiggelben bis zimtbraunen Hut, dem gekocht eßbaren **Samtfußrübling** *(Flammulina velutipes)* fehlt die Manschette; außerdem wächst er zwischen September und April („Winterpilz"). Daneben gibt es aber auch noch weitere, ähnlich aussehende *Armillaria*-Arten, etwa den **Ringlosen Hallimasch** *(A. tabescens),* der allerdings hauptsächlich in Südeuropa verbreitet ist und höchsten in Südwestdeutschland gelegentlich vorkommt.

Calocybe gambosa

Maipilz, Maischönkopf, Mairitterling, Georgiritterling

Synonym *Tricholoma georgii.*
Hut ø 3–10 cm; anfangs kegel- oder glockenförmig, später ausgebreitet und gebuckelt; weiß, cremefarben, grau, oder gelblich; Huthaut manchmal gefleckt oder eingerissen.
Lamellen Mit Zähnchen herablaufend; gedrängt; anfangs weiß, später auch cremefarben.
Stiel 4–9 x 1,5–4 cm; zylindrisch, an der Basis manchmal leicht knollig; weiß, am Grunde auch ockerfarben, rötlich oder leicht bräunlich.
Fleisch Weiß; fest und saftig; mit mehlartigem Geruch.
Sporen 5–6 x 3–4 µm; elliptisch; Sporenpulver weiß.
Vorkommen Zwischen Gras in Laubwäldern, Parks und Gärten, aber auch an Weg- und Waldrändern oder Wiesen und Weiden; oft in Ringen oder Reihen; häufig; April bis Juni.
Bemerkungen Guter Speisepilz, der aber leicht mit Giftpilzen verwechselt werden kann.
Verwechslungsmöglichkeiten Mit dem giftigen **Feldtrichterling** (*Clitocybe delbata,* S. 78), der ebenfalls nach Mehl riecht, aber zumeist später erscheint. Eine sichere Unterscheidung der beiden Arten ist nur anhand der Sporen möglich. Ähnliches gilt für andere weiße Trichterlinge, von denen viele giftig oder giftverdächtig sind. Ein weiterer Doppelgänger ist der giftige **Mairißpilz** *(Inocybe erubescens)*, der etwa zur gleichen Zeit wächst wie der Maipilz. Sein Fleisch läuft allerdings rot an, seine Lamellen sind, zumindest alt, eher bräunlich, er hat in der Regel einen radialfaserigen Hut, und er riecht nicht nach Mehl.

Cantharellus cibarius

Pfifferling, Eierschwamm, Dotterpilz, Rehling

Hut ø 2–8 cm; anfangs gewölbt, später ausgebreitet oder trichterartig vertieft; hell- bis dottergelb, manchmal stark ausgeblaßt; Rand lange eingerollt und wellig, alt unregelmäßig gelappt oder tief eingebuchtet.
Leisten Mehrfach gegabelt und queradrig verbunden; relativ dick und weit am Stiel herablaufend; wie der Hut gefärbt.
Stiel 3–6 x 1–2 cm; zumeist kurz und kräftig, zur Basis hin verjüngt, an der Spitze allmählich in den Hut übergehend; von gleicher Farbe wie der Hut.
Fleisch Weiß, unter der Huthaut auch gelblich; Geruch pfirsich- oder aprikosenartig.
Sporen 7–10 x 4–6 µm; elliptisch; Sporenpulver blaßgelb.
Vorkommen In Laub- und Nadelwäldern; häufig, manchmal massenhaft auftretend, durch Übersammeln vielerorts jedoch verschwunden; Juni bis Oktober.
Bemerkungen Einer der bekanntesten und beliebtesten Speisepilze, dessen Nährwert allerdings eher gering ist, und den manche Menschen auch nicht besonders gut vertragen. Der Pfifferling und seine Verwandten gehören nicht zu den Blätterpilzen in engerem Sinne, so daß man nicht von Lamellen, sondern von Leisten spricht.
Verwechslungsmöglichkeiten Mit dem **Falschen Pfifferling** (*Hygrophoropsis aurantiaca,* S. 90), der ebenfalls eßbar ist, wenn auch nicht so schmackhaft wie der echte Pfifferling. Er unterscheidet sich vor allen Dingen durch kräftigere Orangetöne sowie den fehlenden fruchtigen Geruch.

Cantharellus tubaeformis

Trompetenpfifferling, Durchbohrter Leistling

Synonyme *C. infundibuliformis, Helvella tubaeformis.*
Hut ø 2–6 cm; trompeten- bis unregelmäßig trichterförmig; genabelt, alt auch bis in den hohlen Stiel durchbohrt; gelb- oder dunkel- bis schwarzbraun, manchmal auch graugelb; Huthaut faserig bis leicht schuppig; Rand umgeschlagen und lappig oder wellig.
Leisten Herablaufend; gegabelt oder vernetzt; relativ flach und dick; graugelb, manchmal leicht violett.
Stiel 3–7 x 0,4–0,7 cm; zylindrisch oder breitgedrückt; hohl; etwas heller als der Hut oder grau- bis orangegelb.
Fleisch Weiß oder gelblich; sehr dünn; manchmal etwas zäh.
Sporen 8–11 x 7–9 µm, rundlich bis eiförmig; Sporenpulver weiß bis leicht gelblich.
Vorkommen In feuchten Laub- und Nadelwäldern; gern zwischen Moos; häufig; August bis Oktober, manchmal bis zum ersten Frost.
Bemerkungen Eßbar, aber wegen seines dünnen Fleisches nicht sehr ergiebig. Gehört wie der echte Pfifferling nicht zu den Blätter- sondern zu den Leistenpilzen.
Verwechslungsmöglichkeiten Es besteht eine gewisse Ähnlichkeit mit dem ebenfalls eßbaren **Starkriechenden Pfifferling** *(C. xanthopus)*, der aber fleischrosa Leisten besitzt und dessen Hut kaum eingerollt ist.

Clitocybe delbata

Feldtrichterling, Weißer Gifttrichterling

Hut ø 2–5 cm; anfangs gewölbt oder flach, alt fast trichterförmig; weiß, manchmal mit ockerfarbenen Flecken; Huthaut oft rissig; Rand jung eingerollt, später wellenförmig oder eingekerbt.
Lamellen Etwas herablaufend; gedrängt; anfangs weiß, dann oft auch gelblich.
Stiel 2–4 x 0,5–0,6 cm; zylindrisch; weiß, im Alter auch ocker- oder rosafarben.
Fleisch Weiß; im Hut sehr dünn; Geruch mehlartig.
Sporen 4–6 x 2–3 µm; rund bis oval; Sporenpulver weiß.
Vorkommen Auf Wiesen, Äckern, oft auch an Wegrändern oder in Parks; häufig; Juli bis November.
Bemerkungen Giftig. Verursacht Muscarinvergiftungen.
Verwechslungsmöglichkeiten Mit dem eßbaren **Mehlräsling** (*Clitopilus prunulus,* S. 80), der ebenfalls nach Mehl riecht. Ältere Exemplare unterscheiden sich durch die fleischrosa Lamellen, jung sind die Lamellen oft ebenfalls noch weiß, so daß eine sichere Unterscheidung nicht leicht ist. Schwierig kann auch die Abgrenzung von anderen kleinen weißen Trichterlingen sein, von denen viele ebenfalls giftig oder zumindest giftverdächtig sind.

Clitocybe geotropha

Mönchskopf, Falber Riesentrichterling, Kuttelkopf

Hut ø 5–25 cm; anfangs gewölbt, aber schon bald trichterförmig und mit spitzem Buckel, der zumeist auch bei älteren Exemplaren erhalten bleibt; weißlich bis ocker-fleischfarben, dann braungelb bis lederfarben, alt oft ausgeblaßt; Rand lange eingerollt, später aufgebogen.
Lamellen Deutlich herablaufend und mit kürzeren Lamellen untermischt; entfernt; weiß bis cremefarben.
Stiel 8–15 x 1–3 cm; zylindrisch oder etwas keulig verdickt; von gleicher Farbe wie der Hut.
Fleisch Weiß; Geruch süßlich (wie parfümiert).
Sporen 6–8 x 5–6 µm; rundlich; Sporenpulver weiß.
Vorkommen In Laub- und Nadelwäldern; gern auf kalkhaltigen Böden; oft in Ringen; häufig; September bis November.
Bemerkungen Jung eßbar, aber nur von durchschnittlicher Qualität, im Alter zäh.
Verwechslungsmöglichkeiten Die Gattung *Clitocybe* umfaßt etwa 100 Arten, von denen einige Muscarin enthalten und daher stark giftig sind. Darunter sind auch weiß gefärbte Arten, etwa der **Wachsstielige Trichterling** *(C. candidans)* oder der **Bleiweiße Trichterling** *(C. phyllophila),* so daß der Verzehr des Mönchskopf nur erfahrenen Sammlern empfohlen werden kann.

Clitopilus prunulus

Mehlräsling, Mehlpilz, Pflaumenpilz

Hut ø 3–12 cm; anfangs gewölbt, später unregelmäßig trichterförmig; weiß bis grau; Huthaut etwas bereift; Rand zumeist eingerollt; der Pilz erinnert in seiner Wuchsform ein wenig an einen Krempling oder Pfifferling.
Lamellen Weit herablaufend; gedrängt; anfangs weiß, dann rosa oder leicht gelblich.
Stiel 2–5 x 1–2 cm; zylindrisch, allmählich in den Hut übergehend, bisweilen exzentrisch angewachsen; weiß; in Hutnähe oft mehlig bestäubt, an der Basis weißfilzig.
Fleisch Weiß; etwas mürbe und brüchig; nach Mehl riechend.
Sporen 10–12 x 5–6 µm; spindelförmig; mit Längsrippen; Sporenpulver rosa.
Vorkommen In lichten Laub- und Nadelwäldern, auf Wiesen, in Parks und an Wegrändern; relativ häufig, in manchen Gegenden fehlend; Juli bis Oktober.
Bemerkungen Guter Speisepilz, der leicht mit giftigen Arten zu verwechseln ist, so daß sein Verzehr nur sehr erfahrenen Pilzsammlern empfohlen werden kann.
Verwechslungsmöglichkeiten Mit dem giftigen **Feldtrichterling** (*Clitocybe delbata,* S. 78), der ebenfalls nach Mehl riecht, etwa zur gleichen Zeit wächst und sich nur anhand der Sporen sicher unterscheiden läßt. Schwierig ist auch die Abgrenzung von anderen weißen Trichterlingen, von denen viele ebenfalls giftig oder zumindest giftverdächtig sind. Ein weiterer Doppelgänger ist der giftige **Mairißpilz** *(Inocybe erubescens)*, dessen Fleisch aber rot anläuft, dessen Lamellen, zumindest im Alter, eher bräunlich sind und der nicht nach Mehl riecht.

Coprinus atramentarius

Faltentintling, Grauer Tintling, Antialkoholikerpilz

Hut ø 3–10 cm; anfangs eiförmig, später glockig, Spitze häufig abgestumpft; grauweiß bis graubraun; Huthaut oft mit feinen, abwischbaren Schuppen; Rand gerieft bis gerippt.
Lamellen Frei; sehr gedrängt; anfangs weißlich, später braun, im Alter schwarz zerfließend.
Stiel 8–15 x 1–1,5 cm; zylindrisch, an der Basis oft mit ringartigen Hüllresten; weiß; alt oft hohl.
Fleisch Weiß, im Alter schwarz zerfließend.
Sporen 8–12 x 4,5–6 µm; elliptisch; Sporenflüssigkeit schwarz.
Vorkommen In Laubwäldern, Parks und Gärten, an Wegrändern oder auf Wiesen; häufig; Mai bis November.
Bemerkungen Eßbar, darf aber nicht in Verbindung mit Alkohol verzehrt werden (vgl. Antabus-Reaktion).
Verwechslungsmöglichkeiten Mit dem **Schopftintling** (*C. comatus,* S. 82), der an ähnlichen Standorten vorkommt, sich aber durch den beringten Stiel und den schuppigen Hut unterscheidet. Eine gewisse Ähnlichkeit hat auch der in Verbindung mit Alkohol ebenfalls giftige, aber seltenere **Fuchsräude-Tintling** *(C. alopecia).* Ihn erkennt man vor allen Dingen an den warzigen Sporen; außerdem wächst er zumeist auf Holz.

Coprinus comatus

Schopftintling, Spargelpilz

Synonyme *Agaricus porcellanus, A. thyphoides.*
Hut 5–10 cm hoch und 2–5 cm breit; zylindrisch bis walzenförmig, später kegelförmig oder glockig; weiß, am Scheitel oft ockerfarben bis bräunlich; Huthaut mit bräunlichen, abstehenden Schuppen; der Hutrand zerfließt im Alter zu einer tintenartigen Masse.
Lamellen Frei; sehr gedrängt und ziemlich breit; anfangs weiß, dann rosa, im Alter schwarz zerfließend.
Stiel 10–15 x 1–1,5 cm; zylindrisch, an der Basis etwas verdickt; weiß; hohl; Ring tiefsitzend, lose, leicht vergänglich.
Fleisch Weiß oder leicht rosa, im Alter schwarz zerfließend.
Sporen 10–15 x 6–8 µm; eiförmig; Sporenflüssigkeit schwarz.
Vorkommen Hauptsächlich auf nährstoffreichen Böden, etwa Feldern, Weiden oder Wiesen, aber auch in Gärten und Parks; häufig; Mai bis November.
Bemerkungen Jung schmackhafter Speisepilz. Verwertet werden sollten nur Exemplare, deren Lamellen noch rein weiß sind. Gilt als verdächtig, in Verbindung mit Alkohol Vergiftungen hervorzurufen (vgl. Antabus-Reaktion).
Verwechslungsmöglichkeiten Der Schopftintling ähnelt dem **Faltentintling** (*C. atramentarius,* S. 82), der auch an ähnlichen Standorten vorkommt, dessen Hut aber nicht mit sparrig abstehenden Schuppen besetzt ist. Der sehr viel seltenere **Fuchsräude-Tintling** *(C. alopecia)* hat warzige Sporen und wächst zumeist auf Holz.

Cortinarius rubellus

Spitzbuckliger Orangeschleierling

Spitzgebuckelter Rauhkopf

Synonyme *C. specioissimus, C. orellanoides.*
Hut ø 3–8 cm; kegelförmig, später flach gewölbt, stets spitz gebuckelt; orangegelb bis orangerot oder rotbraun; Huthaut filzig oder feinschuppig, alt auch kahl.
Lamellen Ausgebuchtet angewachsen; entfernt; wie der Hut gefärbt.
Stiel 5–12 x 0,7–1,2 cm; zylindrisch, an der Basis oft keulig verdickt; von ähnlicher Farbe wie der Hut, aber gelblich genattert; normalerweise mit eng anliegender Ringzone.
Fleisch Gelblich, an der Stielbasis auch bräunlich; Geruch rettichartig.
Sporen 9–12 x 6–8 µm; oval, warzig; Sporenpulver rostbraun.
Vorkommen In feuchten Nadelwäldern mit saurem Boden, gern zwischen Moos; stellenweise häufig; August bis Oktober.
Bemerkungen Kann tödliche Vergiftungen hervorrufen (vgl. Orellanus-Syndrom), wird aber wegen seines unscheinbaren und nicht besonders appetitlichen Aussehens in Mitteleuropa augenscheinlich selten gesammelt.
Verwechslungsmöglichkeiten Mit anderen Haarschleierlingen, etwa dem ebenfalls tödlich giftigen, aber selteneren **Orangefuchsigen Rauhkopf** *(C. orellanus),* der nur schwach gebuckelt ist und außerdem vorzugsweise in Laubwäldern wächst. Um Verwechslungen mit diesen beiden, sehr giftigen Arten zu vermeiden, sollte man, besonders bei der Suche nach Pfifferlingen, alle kleinen gelblichen, orangefarbenen oder rötlichbraunen Blätterpilze genau überprüfen.

Cortinarius sanguineus

Blutroter Hautkopf, Bluthautkopf

Hut ø 1–6 cm; jung gewölbt, später abgeflacht und stumpf gebuckelt; blut- bis braunrot, alt oft etwas ausgebleicht und dann eher orangebraun; Huthaut mit feinen, radial verlaufenden Fasern oder sehr fein schuppig; am Rand oft mit Resten der braunroten Cortina.
Lamellen Ausgebuchtet angewachsen; entfernt; relativ breit; von gleicher Farbe wie der Hut.
Stiel 3–6 x 0,4–0,8 cm; relativ lang und dünn, manchmal keulenförmig, häufig ein wenig gebogen; alt oft hohl; wie der Hut gefärbt, an der Basis manchmal orangefilzig.
Fleisch Blutrot bis rotbraun, an der Stielbasis auch orangerot; Geruch leicht rettichartig.
Sporen 6–9 x 4–5 µm; elliptisch; fein warzig; Sporenpulver rostbraun.
Vorkommen In feuchten Nadelwäldern und Mooren, gern unter Fichten und zwischen Toormoos; im Gebirge häufig, im Flachland seltener; August bis Oktober.
Bemerkungen Giftig; der Verzehr kann zu Verdauungsstörungen führen.
Verwechslungsmöglichkeiten Mit anderen, ebenfalls giftigen, rötlichen *Cortinarius*-Arten, z. B. mit dem **Zinnoberroten Hautkopf** *(C. cinnabarius)* der durchgehend zinnober- bis kirschrot gefärbt ist, hauptsächlich im Laubwald vorkommt und dort besonders unter Buchen.

Entoloma sinuatum

Riesenrötling, Giftrötling

Synonyme *Entoloma lividum, E. eulividum, Agaricus sinuatus.*
Hut ø 5–20 cm; kugelig oder glockig, später flach gewölbt und stumpf gebuckelt; Färbung relativ variabel, von weiß oder elfenbeinfarben, über bleigrau bis blaß bräunlich; Huthaut leicht abziehbar und von feinen strahlenförmigen Fasern durchzogen, manchmal flockig bereift; Rand anfangs eingebogen, später wellig.
Lamellen Ausgebuchtet angewachsen; gedrängt; zunächst weiß, dann gelblich, schließlich lachsrosa.
Stiel 6–12 x 1–4 cm; kräftig, manchmal leicht bauchig oder knollig verdickt, oft gebogen; alt schwammig oder sogar hohl; weiß oder leicht gelblich, in Hutnähe oft bereift; längsfaserig bis fein gerillt, am Grunde häufig weißfilzig.
Fleisch Weißlich; fest, im Stiel faserig; Geruch mehlartig.
Sporen 8–10 x 7–9 µm; eckig; Sporenpulver rötlich.
Vorkommen In Laubwäldern mit Lehm- oder Kalkböden; zumeist gesellig; gebietsweise häufig, in manchen Gegenden völlig fehlend; Juli bis September.
Bemerkungen Giftig. Verzehr kann zu sehr schweren Brechdurchfällen und Kreislaufbeschwerden führen, bei denen unbedingt ein Arzt aufgesucht werden muß.
Verwechslungsmöglichkeiten Einer der Doppelgänger des Riesenrötlings ist die eßbare **Nebelkappe** *(Lepista nebularis)* die allerdings nie rosa- oder fleischfarbene Lamellen hat und außerdem später erscheint als der Riesenrötling.

Galerina marginata

Nadelholzhäubling, Gesäumter Häubling

Synonym *Pholiota marginata.*
Hut ø 1–6 cm; halbkugelig, später gewölbt bis ausgebreitet, manchmal etwas gebuckelt; bernsteinfarben oder gelb- bis rotbraun, bei längerer Trockenheit oft ocker ausgeblaßt; Rand gerieft, feucht durchscheinend.
Lamellen Angewachsen, manchmal leicht herablaufend; gedrängt; schmal; gelblich, alt auch rost- oder zimtbraun.
Stiel 4–5 x 0,4–0,7 cm; zylindrisch, manchmal leicht gekrümmt; glatt; jung von gleicher Farbe wie der Hut, später oft dunkelbraun, besonders an der Basis; mit einem häutigen Ring, der aber nicht immer gut zu erkennen ist.
Fleisch Ocker, im Stiel auch bräunlich; Geruch mehlartig.
Sporen 7–10 x 5–6 µm; mandelförmig; warzig; Sporenpulver rostbraun.
Vorkommen Auf totem Nadelholz (Fichte und Kiefer), seltener auch auf morschen Laubbäumen; oft in Büscheln wachsend; relativ häufig; September bis November.
Bemerkungen Tödlich giftig (vgl. Phalloides-Syndrom).
Verwechslungsmöglichkeiten Mit anderen, büschelig auf Holz wachsenden Arten, etwa dem eßbaren **Stockschwämmchen** (*Kuehneromyces mutabilis,* S. 94), das einen ebenfalls schuppenlosen, aber honiggelben bis zimtbraunen Hut hat und nicht nach Mehl riecht, oder dem ebenfalls eßbaren **Hallimasch** (*Armillaria mellea,* S. 74), der einen honiggelben bis dunkelbraunen, deutlich schuppigen Hut und weißes Sporenpulver hat.

Gomphidius rutilus

Kupferroter Gelbfuß, Kupferroter Schmierling

Synonyme *Chroogomphus rutilus, Gomphidius viscidus.*
Hut ø 3–10 cm; jung kegelig mit eingerolltem Rand, später gewölbt, schließlich ausgebreitet und zumeist spitz gebuckelt; kupferrot oder braunorange, manchmal auch graubraun oder leicht violett; Huthaut eingewachsen faserig, bei Trockenheit glänzend, feucht zumeist schmierig.
Lamellen Herablaufend; entfernt; graugelb, später durch die herausfallenden Sporen oft bräunlich verfärbt.
Stiel 4–10 x 1–1,5 cm; zylindrisch, am Grunde häufig ein wenig verjüngt; gelb- bis rotbraun; im oberen Drittel des Stiels zumeist mit Ringzone.
Fleisch Safrangelb, an der Basis zumeist goldgelb; im Alter oder bei Verletzung auch rötlich.
Sporen 17–22 x 5–6 µm; spindelförmig; Sporenpulver schwarzbraun.
Vorkommen Hauptsächlich in Nadelwäldern, gern unter Kiefern; häufig; Juli bis November.
Bemerkungen Guter Speisepilz, der aber oft madig ist. Eignet sich auch gut für Suppen und zum Trocknen. Verfärbt sich beim Kochen violett.
Verwechslungsmöglichkeiten Mit dem eßbaren **Gefleckten Gelbfuß** *(G. maculatus),* der unter Lärchen vorkommt und dessen Hut ockergrau bis fleischbräunlich und schwarzfleckend ist, oder dem **Filzigen Gelbfuß** *(G. helveticus),* der hauptsächlich unter Fichten vorkommt, und dessen orangebrauner Hut nur im Alter etwas rötlich ist.

Hydnum repandum

Semmelstoppelpilz

Hut ø 3–12 cm; anfangs stark gewölbt, später zumeist wellig ausgebreitet und flach gebuckelt oder niedergedrückt; blaßgelb, semmelfarben, gelborange oder orangerot; Huthaut samtig, oft höckrig, nicht abziehbar; Rand zunächst eingerollt, später in der Regel wellig verbogen, nicht selten mit anderen Hüten verwachsen.
Stacheln 2–6 mm lang; leicht herablaufend; gedrängt; weißlich, cremefarben oder gelblich.
Stiel 5–8 x 1–3 cm; zylindrisch, oft gebogen, manchmal an der Basis knollig verdickt oder mit anderen Stielen verwachsen; zumeist exzentrisch am Hut angewachsen.
Fleisch Relativ brüchig; weißlich oder leicht gelblich, vor allem wenn man daran reibt.
Sporen 7–9 x 6–8 µm; rundlich; Sporenpulver weiß.
Vorkommen In Laub- und Nadelwäldern, vorzugsweise auf kalkhaltigen Böden; oft in Ringen oder Reihen; nicht selten; August bis November.
Bemerkungen Jung eßbar, aber nicht besonders schmackhaft.
Verwechslungsmöglichkeiten Mit dem eßbaren **Rotgelben Stoppelpilz** *(H. rufescens),* der sich bis auf den etwas anders gefärbten Hut (ähnlich wie ein Pfifferling) praktisch nicht vom Semmelstoppelpilz unterscheidet.

Hygrophoropsis aurantiaca

Falscher Pfifferling, Orangegelber Gabelblättling

Hut ø 3 – 8 cm; schon jung nicht sehr stark gewölbt, später flach und eingedrückt oder trichterartig vertieft; blaßgelb, orangegelb, oder leicht rötlich, in der Mitte oft dunkler als am Rand, alt oft weißlich ausgeblaßt; Rand lange eingerollt.
Lamellen Herablaufend; gedrängt; schmal, oft gegabelt; von ähnlicher Farbe wie der Hut.
Stiel 3 – 8 x 1 – 2 cm; zur Basis hin verjüngt, an der Spitze allmählich in den Hut übergehend; schlank und biegsam, oft exzentrisch angewachsen; ähnlich gefärbt wie der Hut.
Fleisch Weißlich oder cremefarben, manchmal leicht orange.
Sporen 6 – 7 x 3 – 4 µm; elliptisch; Sporenpulver weiß bis blaß gelblich.
Vorkommen In Nadel- und Mischwäldern, vorzugsweise unter Fichten, Kiefern und Lärchen; häufig, manchmal massenhaft auftretend; September bis November.
Bemerkungen Eßbar, aber nicht so schmackhaft wie der Echte Pfifferling.
Verwechslungsmöglichkeiten Vermutlich wird dieser Pilz am häufigsten mit dem echten **Pfifferling** (*Cantharellus cibarius,* S. 76) verwechselt – da beide eßbar sind, ohne weitere Konsequenzen. Denkbar sind auch Verwechslungen mit dem bei uns seltenen, giftigen **Ölbaumpilz** *(Omphalotus olearius)*, der allerdings keine gegabelten Lamellen besitzt, säuerlich riecht und hauptsächlich büschelig auf Laubholzstrünken wächst.

Hygrophorus hypothejus

Frostschneckling, Gelbblättriger Schneckling

Hut ø 3 – 8 cm; anfangs glockig, später ausgebreitet, schließlich eingedrückt, zumeist mit einem kleinen Buckel; olivgrau oder olivbraun, manchmal gelblich; Huthaut jung zumeist von einer dicken, olivbraunen Schleimschicht überzogen, ist diese eingetrocknet oder abgewaschen, können die Pilze oft auch blaßgelb oder gelbbraun aussehen.
Lamellen Zumeist etwas herablaufend; entfernt; zunächst weißlich, dann orangegelb bis rötlich oder orange gefleckt.
Stiel 3 – 7 x 0,5 – 0,7 cm; zylindrisch, an der Basis oft verjüngt; gelblich, manchmal etwas orange; mit angedeuteter Ringzone, darunter schleimig, darüber trocken.
Fleisch Weiß bis blaßgelb, unter der Huthaut auch orangerot.
Sporen 7 – 9 x 4 – 5 µm; elliptisch; Sporenpulver weiß.
Vorkommen In Nadelwäldern und dort besonders unter Kiefern; in manchen Gegenden recht häufig; Oktober bis in den Januar, erscheint zumeist erst nach dem ersten Frost.
Bemerkungen Schmackhafter Speisepilz, der sich gut in Salaten verwenden läßt.
Verwechslungsmöglichkeiten Aufgrund seines späten Erscheinens und des typischen Schleims (der an Schneckenschleim erinnert und dieser Gattung den Namen gab) kaum mit anderen Pilzen zu verwechseln.

Hypholoma fasciculare

Grünblättriger Schwefelkopf

Synonym *Nematoloma fasciculare.*
Hut ø 2–7 cm; jung halbkugelig, dann gewölbt, schließlich ausgebreitet und zumeist stumpf gebuckelt; schwefelgelb- bis gelbgrün, am Scheitel oft rötlich bis bräunlich; Hutrand häufig noch mit Resten des Velums.
Lamellen Angewachsen; gedrängt; schmal; schwefelgelb bis gelbgrün, später braunoliv und schließlich durch den Sporenstaub violett.
Stiel 3–10 x 0,3–0,5 cm; zylindrisch; sehr dünn und zäh, oft gebogen und am Grunde verwachsen; alt zumeist hohl; in Hutnähe schwefelgelb oder gelbgrün, an der Basis auch orange oder bräunlich; manchmal mit grauvioletter Ringzone.
Fleisch Schwefelgelb, unter der Huthaut und im Stiel auch bräunlich.
Sporen 6–8 x 4–5 µm; oval und mit Keimporus; Sporenpulver grau- bis schwarzviolett.
Vorkommen Auf Laub- oder Nadelholz; häufig; Mai bis November.
Bemerkungen Giftig (vgl. Gastrointestinales Pilzsyndrom).
Verwechslungsmöglichkeiten Andere Schwefelkopf-Arten, etwa der früher oft als eßbar bezeichnete, aber ebenfalls giftige **Ziegelrote Schwefelkopf** *(H. subalterium)*, der sich durch den zumeist deutlich roten Hut unterscheidet, oder der eßbare **Graublättrige Schwefelkopf** *(H. capnoides)*, dessen Lamellen aber nie gelbgrün, sondern anfangs grau und später violettgrau oder leicht purpurbraun sind.

Inocybe geophylla

Erdblättriger Rißpilz, Seidiger Rißpilz

Hut ø 2–5 cm; jung kegelförmig, aber schon mit deutlichem, zumeist spitzem Buckel, später ausgebreitet, wobei der Buckel erhalten bleibt; weißlich bis cremefarben oder leicht grau; Huthaut seidig bis faserig; Rand jung zum Stiel hin fast geschlossen, alt häufig mit Resten der Cortina.
Lamellen Ausgebuchtet angewachsen; gedrängt; ungleich lang und bauchig, an der Schneide weiß bewimpert; grauweiß, später bräunlich.
Stiel 3–6 x 0,3–0,7 cm; zylindrisch, an der Basis manchmal ein wenig verdickt; hohl; weißlich, in Hutnähe flockig, abwärts fein faserig.
Fleisch Weiß oder leicht gelblich; ziemlich dünn.
Sporen 7–11 x 5–7 µm; elliptisch; Sporenpulver tonfarben bis braun.
Vorkommen In Nadelwäldern, Parks und Gärten, seltener in Laubwäldern; gern auf feuchten Böden; sehr häufig; Mai bis November.
Bemerkungen Giftig, verursacht Muscarinvergiftungen.
Verwechslungsmöglichkeiten Es gibt eine Reihe weiterer kleiner Rißpilze, die alle giftig oder ungenießbar sind. Sie lassen sich normalerweise durch die unterschiedliche Färbung unterscheiden.

Kuehneromyces mutabilis

Stockschwämmchen

Synonym *Pholiota mutabilis.*
Hut ø 4–8 cm; halbkugelig, später ausgebreitet, zumeist gebuckelt; gelb-, zimt- oder rotbraun; Randzone bei Regen oft dunkler.
Lamellen Angewachsen, manchmal leicht herablaufend; gedrängt; zunächst gelblich, dann auch zimt- oder rostbraun.
Stiel 3–10 x 0,4–0,7 cm; zylindrisch, oft gekrümmt; alt oft hohl; mit vergänglichem häutigem Ring; oberhalb des Ringes fast weißlich, darunter rostbraun und schuppig.
Fleisch Weißlich, im Stiel auch braun; brüchig.
Sporen 6–8 x 4–5 µm; elliptisch; Sporenpulver rostbraun.
Vorkommen Vorzugsweise auf abgestorbenen Laubbäumen; stets in Büscheln; häufig; Mai bis November.
Bemerkungen Schmackhafter Speisepilz, der sich auch gut für Suppen eignet. Die unteren, zähen Stielteile sollte man verwerfen.
Verwechslungsmöglichkeiten Mit dem tödlich giftigen **Nadelholzhäubling** (*Galerina marginata*, S. 86), der zumeist auf Nadelhölzern vorkommt, einen glatten Stiel sowie warzige Sporen hat und etwas nach Mehl riecht. Der auf Nadel- und Laubholz vorkommende, ebenfalls giftige **Grünblättrige Schwefelkopf** (*Hypholoma fasciculare,* S. 92) hat einen glatten, unberingten Stiel und schwefelgelbe bis grünliche Lamellen.

Laccaria laccata

Rötlicher Lacktrichterling

Hut ø 1–5 cm; zunächst gewölbt, später flach bis niedergedrückt; sehr dünnfleischig, oft durchscheinend; rosa bis fleischfarben, manchmal aber auch rötlich; Huthaut anfangs glatt und kahl, dann zumeist etwas flockig oder fein schuppig und häufig aufbrechend; Rand eingerollt und wellig bis gekerbt.
Lamellen Angewachsen; entfernt; manchmal gegabelt und mit Zwischenlamellen; rosa bis fleischfarben, alt oft durch das Sporenpulver weiß bestäubt.
Stiel 5–10 x 0,2–0,6 cm; sehr dünn und oft gekrümmt, manchmal breitgedrückt oder in sich verdreht; alt häufig röhrenartig ausgehöhlt; von ähnlicher Farbe wie der Hut; an der Basis zumeist mit weißen Myzelfilz.
Fleisch Fleischfarben; ziemlich zäh.
Sporen 8–10 µm; rund; stachlig; Sporenpulver weiß.
Vorkommen In Laub- und Nadelwäldern, Parks und an Wegrändern; sehr häufig; Juni bis November.
Bemerkungen Eßbar, aber nicht sehr schmackhaft. Wegen seines würzigen Geschmacks läßt sich der Pilz jedoch gut in Suppen und Saucen verwenden; die zähen Stiele sind für den Verzehr ungeeignet.
Verwechslungsmöglichkeiten Andere, ebenfalls eßbare Lacktrichterlinge, die sich anhand der Färbung unterscheiden lassen. Für wenig erfahrene Sammler besteht die Gefahr, einer Verwechslung mit giftigen Rißpilzen *(Inocybe)* und Hautköpfen *(Cortinarius).*

Lactarius deliciosus

Edelreizker, Echter Reizker, Kiefern-Blutreizker

Hut ø 5–15 cm; anfangs gewölbt und genabelt, später flach und niedergedrückt oder trichterförmig, leicht gebuckelt; orange-, hell- oder ziegelrot, oft bräunlich; Huthaut mit konzentrischen Ringzonen, bei Feuchtigkeit oft schleimig; Rand jung eingerollt.
Lamellen Mit Zähnchen herablaufend; gedrängt; schmal, ungleich lang; blaß- bis rot-orange; im Alter oder bei Berührung zumeist grünlich fleckend.
Stiel 3–7 x 1–2 cm; zylindrisch, relativ kurz und zur Basis hin verjüngt; alt zumeist hohl; von gleicher Farbe wie der Hut, oft mit dunkleren grubigen Flecken; an der Basis manchmal mit einem weißen Filz.
Fleisch Weißlich bis blaßrosa oder gelblich; brüchig; bei Verletzung tritt ein orangefarbener bis karottenroter Milchsaft aus.
Sporen 7–10 x 6–7 µm; rundlich oder etwas elliptisch; warzig; Sporenpulver cremefarben bis ocker oder leicht rosa.
Vorkommen In Nadelwäldern und dort vorzugsweise unter Kiefern, aber auch an Wegrändern; gern auf Kalkböden; stellenweise häufig; Juli bis November.
Bemerkungen Begehrter Speisepilz, dessen Hut man panieren und wie ein Schnitzel braten kann. Die Art gehört zu den „Blutreizkern", die alle durch den typisch orangefarbenen bis karottenroten Milchsaft gekennzeichnet sind.
Verwechslungsmöglichkeiten Andere Milchlinge mit rotem Milchsaft. Diese sind zwar alle ungiftig, aber nicht in jedem Fall zum Verzehr geeignet, etwa der bitter schmeckende **Fichtenblutreizker** *(L. deterrimus).*

Lactarius helvus

Bruchreizker, Maggipilz, Filziger Milchling

Hut ø 5–16 cm; zunächst flach gewölbt, dann niedergedrückt oder leicht trichterförmig; leder- oder ockergelb, manchmal auch rötlich; Huthaut matt, trocken, seltener fein filzig, in der Mitte oft mit flockigen Schuppen; Rand sehr dünn, anfangs eingerollt, später unregelmäßig verbogen.
Lamellen Angewachsen, oft etwas herablaufend; gedrängt; mit Zwischenlamellen, manchmal auch gegabelt; anfangs cremefarben bis gelblich, später auch rötlich; alt durch die herausquellenden Sporen manchmal weißlich bestäubt.
Stiel 4–12 x 1–3 cm; zylindrisch; alt zumeist hohl; etwas heller als der Hut.
Fleisch Blaß gelblich oder ocker, an der Stielbasis auch rotbraun; brüchig, im Alter oft mürbe; Milchsaft farblos, unveränderlich und nicht sehr reichlich; Geruch auffallend nach Maggiwürze, besonders beim Trocknen.
Sporen 7–9 x 6–7 µm; rundlich bis elliptisch, warzig; Sporenpulver weiß bis gelblich.
Vorkommen Hauptsächlich in feuchten, moosreichen Nadelwäldern oder Mooren, vorzugsweise unter Fichten; häufig; Juli bis Oktober.
Bemerkungen Schwach giftig; kann roh verzehrt zu Magen- und Darmbeschwerden führen. Getrocknet und pulverisiert gilt er als guter Gewürzpilz für Suppen und Soßen.
Verwechslungsmöglichkeiten Der eßbare, etwas kleinere und dunklere **Kampfer-Milchling** *(L. camphoratus)* riecht ebenfalls nach Maggi und kann in gleicher Weise wie der Bruchreizker verwendet werden.

Lactarius rufus

Rotbrauner Milchling, Paprikapilz, Rotbr. Reizker

Hut ø 3–10 cm; anfangs flach gewölbt, später abgeflacht und niedergedrückt oder leicht trichterförmig, normalerweise mit einem kleinen, spitzen Buckel; dunkelrot bis rotbraun; Huthaut fein filzig bereift, vor allen Dingen am Rand.
Lamellen Angewachsen, manchmal ein wenig herablaufend; gedrängt; schmal und ungleich lang; gelblich dann ocker bis rötlich, oft durch Sporenpulver weißlich bestäubt.
Stiel 3–7 x 0,8–1,5 cm; zylindrisch; alt zumeist hohl; etwas heller als der Hut; glatt, am Grunde manchmal weiß-filzig.
Fleisch Weiß, an der Stielbasis auch rötlich; brüchig; Milchsaft weiß und mit sehr scharfem, paprikaartigen Nachgeschmack.
Sporen 7–10 x 5–7 µm; rundlich bis elliptisch; warzig; Sporenpulver weißlich.
Vorkommen Hauptsächlich in Nadelwäldern, gern unter Kiefern; saure Böden werden bevorzugt; häufig; August bis Oktober.
Bemerkungen Manche halten diesen Pilz wegen seines scharfen Geschmacks für ungenießbar, anderen gilt er als Delikatesse. Fest steht, daß er vor dem Verzehr in bestimmter Weise behandelt werden muß, damit man ihn in der Küche verwenden kann. Dazu werden die Pilze zunächst 12 Stunden gewässert und anschließend 10 Minuten in Salzwasser gekocht (das Kochwasser darf anschließend nicht weiter verwendet werden). Schließlich brät man sie oder legt sie in Essig ein.
Verwechslungsmöglichkeiten Mit anderen ungenießbaren Milchlingen, etwa dem **Eichenmilchling** *(L. quietus),* der gelblichen Milchsaft ausscheidet, hauptsächlich unter Eichen wächst und nach altem Fett riecht.

Lactarius torminosus

Birkenreizker, Giftreizker, Falscher Reizker

Hut ø 4–14 cm; jung gewölbt und genabelt, später breit trichterförmig; fleischrosa bis bräunlich, mit dunklen, konzentrischen Ringen; Huthaut jung zumeist grobfaserig filzig; Rand lange eingerollt und mit dem Stiel faserig verbunden, nach dem Aufreißen des Velums bleiben normalerweise lange Zottenhaare am Hutrand zurück.
Lamellen Etwas herablaufend; gedrängt; schmal und mit vielen Zwischenlamellen; weißlich, oft mit einem rosa Hauch.
Stiel 3–8 x 1–3 cm; zylindrisch, an der Basis häufig etwas verjüngt; alt zumeist hohl; weißlich bis blaßrosa; hart und brüchig, manchmal leicht grubig.
Fleisch Weiß, unter der Huthaut auch rötlich; brüchig; der Milchsaft ist weiß und unveränderlich.
Sporen 8–10 x 6–7 µm; rundlich bis elliptisch; warzig; Sporenpulver cremefarben bis gelblich oder fleischfarben.
Vorkommen In lichten Laubwäldern oder Parks, vorzugsweise unter Birken; saure, nicht zu feuchte Böden werden bevorzugt; häufig; August bis Oktober.
Bemerkungen Giftpilz, der Magen- und Darmbeschwerden hervorrufen kann.
Verwechslungsmöglichkeiten Aufgrund des lange eingerollten und in typischer Weise zottigen Hutrandes läßt sich dieser Pilz normalerweise leicht von anderen Milchlingen unterscheiden.

Lactarius vellerus

Wolliger Milchling, Erdschieber, Samtiger Milchling

Hut ø 8–25 cm; flach ausgebreitet und niedergedrückt, später zumeist trichter- oder schüsselförmig; kalkweiß, manchmal mit ockerfarbenen Flecken; Huthaut samtig oder wollig-pflaumig, alt teilweise kahl, oft mit Erdresten; Rand lange eingerollt.
Lamellen Herablaufend; anfangs entfernt, später auch enger, oft gegabelt; weiß, alt auch mit ockerfarbenen Flecken; manchmal wasserklare Tropfen ausscheidend.
Stiel 3–6 x 3–5 cm; ziemlich kurz und gedrungen; wie der Hut gefärbt; anfangs filzig, später zumeist kahl.
Fleisch Weiß, an der Luft etwas gilbend; brüchig; Milchsaft ebenfalls weiß, Geschmack sehr scharf, fast brennend.
Sporen 9–12 x 7–10 µm; rundlich bis leicht elliptisch; warzig; Sporenpulver weißlich.
Vorkommen In Laub- und Nadelwäldern; im Flachland häufig; August bis November.
Bemerkungen Gilt wegen seiner Schärfe allgemein als ungenießbar, obwohl es Sammler geben soll, die ihn nach einer entsprechenden Vorbehandlung in Pilzklopsen verwenden oder ihn wie Bratkartoffeln zubereiten.
Verwechslungsmöglichkeiten Andere, ebenfalls ungenießbare Milchlinge, etwa der etwas größere **Rosascheckige Milchling** *(L. controversus)* mit seinen rosafarbenen Lamellen, der **Schlanke Pfeffermilchling** *(L. piperatus)* und der **Grünende Pfeffermilchling** *(L. pargamenus)*, deren Fleisch sich gelb bzw. grünblau verfärbt. Ähnlich sieht auch der **Blaublättrige Weißtäubling** *(Russula delica)* aus, der allerdings keinen Milchsaft ausscheidet.

Lactarius volemus

Brätling, Milchbrätling, Birnenmilchling

Hut ø 7–15 cm; gewölbt, später niedergedrückt, alt auch trichterförmig; gelb-, orange- oder rotbraun, in der Mitte manchmal mit rötlichen Flecken; Huthaut jung samtig, später zumeist kahl, alt oft rissig; Rand anfangs eingerollt.
Lamellen Angewachsen, manchmal ein wenig herablaufend; gedrängt und mit vielen Zwischenlamellen; cremefarben, später gelblich, bei Druck braunfleckig; verletzte Stellen sondern reichlich Milchsaft ab.
Stiel 4–12 x 1–2,5 cm; zylindrisch; glatt, oft zart bereift; etwas heller als der Hut.
Fleisch Weißlich, manchmal durch den nachdunkelnden Milchsaft auch bräunlich; brüchig; Geruch heringsartig; der klebrige Milchsaft ist weiß, anfangs süßlich, später bitter.
Sporen 8–10 µm; rundlich, warzig; Sporenpulver weißlich bis cremefarben.
Vorkommen In Laub- und Nadelwäldern, gern unter Kiefern; zerstreut, in manchen Gegenden völlig fehlend; Juli bis November.
Bemerkungen Geschätzter Speisepilz. Darf nur (kurz) gebraten werden, da er sich beim Kochen in eine leimartige Masse verwandelt (Name!).
Verwechslungsmöglichkeiten Mit dem giftigen **Birkenreizker** (*L. torminosus*, S. 98) und anderen braunen Milchlingen, von denen viele ungenießbar sind. Dank des typischen Heringsgeruchs und des bei Verletzungen reichlich austretenden süßen Milchsaftes, sind Verwechslungen aber leicht zu vermeiden.

Lepiota castanea

Kastanienbrauner Schirmling

Rotbrauner Zwergschirmling

Hut ø 2–4 cm; anfangs gewölbt bis glockig, später flach ausgebreitet und zumeist gebuckelt; rot- bis kastanienbraun; die Huthaut zerreißt bald in konzentrische, um die Mitte angeordnete, feine, körnige Schuppen, zwischen denen, besonders am Rand, oft der helle Untergrund sichtbar wird.
Lamellen Frei; entfernt; relativ breit; weißlich, später oft gelbbraun, besonders an Druckstellen.
Stiel 3–4 x 0,2–0,4 cm; zylindrisch; zumeist etwas heller als der Hut; unterhalb der nur angedeuteten Ringzone zumeist mit kleinen, braunen Schuppen.
Fleisch Weißlich, in der Stielrinde auch bräunlich.
Sporen 9–13 x 3–5 µm; länglich und zumeist gespornt; Sporenpulver weiß.
Vorkommen In Laub- und Nadelwäldern, oft unter Pappeln; zerstreut bis selten, aber einer der häufigeren kleinen Schirmlinge; August bis Oktober.
Bemerkungen Tödlich giftig (vgl. Phalloides-Syndrom).
Verwechslungsmöglichkeiten Andere kleine Schirmlinge, von denen viele ebenfalls stark giftig sind. Vorsichtshalber sollte man alle kleinen Schirmlinge, von denen viele nicht näher untersucht sind, meiden.

Macrolepiota procera

Parasol, Riesenschirmling, Großer Schirmpilz

Synonym *Agaricus columinus.*
Hut ø 10–30 cm; anfangs eiförmig oder fast kugelig, später gewölbt, schließlich flach ausgebreitet und gebuckelt; jung vollkommen braun, später platzt die dunkle Huthaut vom Rand her schuppig auf, wobei die helle Grundfärbung sichtbar wird; der Buckel bleibt zumeist glatt und braun.
Lamellen Frei; gedrängt; bauchig; weiß bis gelblich, im Alter auch etwas rötlich oder bräunlich.
Stiel 20–40 x 1–2 cm; zylindrisch und mit knollig verdickter Basis; hohl; jung durchgängig braun, später durch das schuppige Aufplatzen der Oberhaut braun genattert; mit einem auffallend großen, doppelten, weißen, am Rand flockigen Ring, der sich auf dem Stiel verschieben läßt.
Fleisch Weiß, nicht rötend; im Hut weich und zart, im Stiel faserig bis holzig; Geschmack nußartig.
Sporen 12–24 x 10–16 µm; elliptisch, mit Keimporus; Sporenpulver weißlich.
Vorkommen Auf Waldwiesen und Kahlschlägen, aber auch an Wald- und Wegrändern; häufig; Juli bis November.
Bemerkungen Ausgezeichneter Speisepilz, dessen Hut man wie ein Wiener Schnitzel paniert und brät. Die zähen Stiele lassen sich dagegen höchstens als Pilzpulver verwenden.
Verwechslungsmöglichkeiten Mit dem **Safranschirmling** (*M. rachodes,* S. 104, der aber nicht so groß wird, und dessen Fleisch bei Verletzung stark rötet. (Weitere Verwechslungsmöglichkeiten bei *Macrolepiota rhacodes,* S. 104).

Macrolepiota rhacodes

Safranschirmling, Rötender Riesenschirmling

Hut ø 5–15 cm; anfangs fast kugelig, später gewölbt bis flach, selten gebuckelt; typisch sind die großen, zumeist konzentrisch angeordneten, regelmäßigen braunen Schuppen auf der weißlichen Unterhaut; Scheitel bräunlich und glatt.
Lamellen Frei; gedrängt; bauchig; weißlich, bei Druck stark rötlich oder bräunlich fleckend.
Stiel 10–15 x 1–1,5 cm; zylindrisch, mit knollig verdickter Basis; hohl; weiß, im Alter zumeist bräunlich aber nicht genattert; Ring doppelt, weißlich und frei verschiebbar.
Fleisch Weißlich, im Alter auch leicht bräunlich, läuft bei Verletzung bereits nach einigen Sekunden intensiv rot an.
Sporen 10–15 x 6–7 µm; elliptisch; Sporenpulver weiß.
Vorkommen In Laub- und Nadelwäldern, aber auch auf Lichtungen, Waldwiesen, an Feldrändern und in Gärten; gern unter Fichten; häufig; August bis November.
Bemerkungen Eßbar aber nicht so schmackhaft wie der Parasol.
Verwechslungsmöglichkeiten Der typische Doppelgänger dieses Pilzes ist der **Parasol** (*Macrolepiota procera*, S. 102). Sehr unerfahrene Sammler könnten ihn aber auch mit tödlich giftigen **Knollenblätterpilz-Arten** *(Amanita)* oder dem ebenfalls sehr gefährlichen **Pantherpilz** (*A. pantherina, S. 64)* verwechseln. Diese haben gleichfalls eine knollige Stielbasis, die jedoch in einer Volva sitzt und einen Ring, der sich nicht frei auf dem Stiel hin- und herbewegen läßt.

Mycena galericulata

Rosablättriger Helmling

Hut ø 2–7 cm; anfangs kegelig bis glockig, später flach und zumeist gebuckelt; sehr zart; weißlich bis grauweiß oder graubraun, im Zentrum zumeist etwas dunkler; Huthaut bis zur Hälfte strahlenartig gerieft oder gefurcht.
Lamellen Angeheftet; entfernt; bauchig, am Grunde aderig verbunden; anfangs weißlich oder grau, später blaßrosa.
Stiel 4–7 x 0,2–0,4 cm; zylindrisch, an der Basis oft wurzelartig; sehr dünn; zäh; glatt und glänzend; hohl.
Fleisch Weißlich oder grau; sehr dünn und etwas wässrig; Geruch und Geschmack leicht mehlartig.
Sporen 9–11 x 7–8 µm; eiförmig bis elliptisch; Sporenpulver weiß.
Vorkommen Hauptsächlich in Laubwäldern und dort zumeist auf Baumstümpfen oder abgestorbenem Holz; normalerweise in Büscheln; häufig; Mai bis Dezember.
Bemerkungen Ungiftig, aber wertlos. Vom Verzehr wird abgeraten, da Verwechslungsgefahr mit giftigen oder ungenießbaren Helmlingen besteht. Der Rosablättrige Helmling ist einer der größeren und häufigeren Vertreter dieser Gattung. Die meisten der über 100 anderen Arten sind so unscheinbar, daß sie zumeist übersehen werden.
Verwechslungsmöglichkeiten Andere Helmlinge, von denen einige ungenießbar oder leicht giftig sind (vgl. Muscarin-Syndrom). Die Arten unterscheiden sich zumeist geringfügig durch die Farbe des Hutes oder der Lamellen. Eine genaue Bestimmung ist ohne Mikroskop sehr schwierig.

Paxillus atrotomentosus

Samtfußkrempling

Hut ø 5 – 20; anfangs gewölbt mit stark eingerolltem Rand, später flach und zumeist niedergedrückt; rot- oder olivbraun; Huthaut jung samtig bis fein filzig, alt weitgehend kahl.

Lamellen Herablaufend; gedrängt; gegabelt oder netzartig verbunden; cremefarben oder gelblich bis ocker, bei Druck bräunlich fleckend.

Stiel 3 – 6 x 1,5 – 3 cm; relativ kurz und dick; oft exzentrisch oder seitlich angewachsen; in typischer Weise braun samtig; an der Basis oft wurzelartig verlängert.

Fleisch Cremefarben bis gelblich; weich, bei Regen auch schwammig; Geruch leicht säuerlich.

Sporen 4 – 6 x 3 – 4 µm; elliptisch; glatt; Sporenpulver gelb- bis olivbraun.

Vorkommen An abgestorbenen Nadelholzstümpfen, vorzugsweise Fichten und Kiefern; oft in Büscheln; häufig; Juli bis Oktober.

Bemerkungen Ungenießbar.

Verwechslungsmöglichkeiten Mit dem giftigen **Kahlen Krempling** (*P. ivolutus*, vgl. Paxillus-Syndrom), den man aber leicht vom Samtfußkrempling unterscheiden kann, da ihm der typische braunsamtigen Stiel fehlt.

Paxillus involutus

Kahler Krempling, Empfindlicher Krempling

Hut ø 4 – 12 cm; anfangs leicht gewölbt mit stark eingerolltem Rand, später abgeflacht, niedergedrückt und mit weniger stark eingerolltem Rand; gelblich, ocker-, rot- oder olivbraun, an Druckstellen dunkel fleckend; Huthaut jung filzig, alt weitgehend kahl; bei Trockenheit glänzend, bei Regen etwas schmierig.

Lamellen Etwas herablaufend; gedrängt; gegabelt oder netzartig; leicht vom Hut abtrennbar; gelblich bis oliv, bei Druck bräunlich anlaufend.

Stiel 4 – 6 x 1 – 2 cm; zylindrisch, an der Basis verjüngt; relativ kurz; von gleicher Farbe wie der Hut; an Druckstellen dunkel fleckend.

Fleisch Anfangs gelb, später oft bräunlich; Geruch leicht säuerlich.

Sporen 7 – 10 x 5 – 6 µm; oval; glatt; Sporenpulver rostbraun.

Vorkommen In Laub- und Nadelwäldern, Parks und Gärten, oft im Gras, doch stets in der Nähe von Bäumen; häufig; Juli bis Oktober.

Bemerkungen Giftig, auch wenn immer noch viele Pilzsammler von der Harmlosigkeit dieses Pilzes überzeugt sind. Todesfälle durch den Kahlen Krempling sind bezeugt (vgl. Paxillus-Syndrom).

Verwechslungsmöglichkeiten Mit dem **Samtfußkrempling** (*P. atrotomentosus*, S. 106), der sich anhand der braunsamtigen Huthaut und Stielbasis leicht unterscheiden läßt.

Pleurotus ostreatus

Austernseitling, Silberauster, Drehling, Kalbfleischpilz

Hut ø 5–15 cm; Hüte zumeist muschelförmig oder dachziegelartig übereinander angeordnet; sehr fleischig; Färbung variabel, stahl- oder blaugrau, aber auch olivfarben bis bräunlich oder schwarzviolett; Huthaut glatt, kahl und glänzend, manchmal durch die Sporen darüber wachsender Hüte auch weißlich bestäubt.
Lamellen Herablaufend; gedrängt; ungleich lang, manchmal miteinander verwachsen; weißlich oder cremefarben.
Stiel 6–12 x 1–3 cm; zylindrisch, oft sehr kurz oder fast fehlend, zum Hut hin verbreitert, normalerweise asymmetrisch ansitzend, an der Basis manchmal mit anderen Stielen zusammengewachsen; weißlich, am Grund häufig filzig.
Fleisch Weiß; alt oft zäh.
Sporen 8–12 x 3–4 µm; länglich-oval; Sporenpulver weißlich, häufig leicht lila.
Vorkommen Auf lebenden und abgestorbenen Laubbäumen, vorzugsweise Buchen, Pappeln und Weiden, Nadelbäume werden nur selten besiedelt; häufig; Oktober bis Dezember, oft sogar bis Februar.
Bemerkungen Guter Speisepilz, der auch kultiviert wird. Dazu bohrt man Löcher in einen Baumstamm und füllt diese mit Sägemehl, das zuvor mit Sporen angeimpft wurde.
Verwechslungsmöglichkeiten In einigen Bestimmungsbüchern werden einzelne Farbvarianten als eigenständige Arten abgegrenzt, etwa der **Taubenblaue Seitling** *(P. columbinus)* oder der hellhütige **Eichenseitling** *(P. dryinus)*. Die Unterschiede sind jedoch gering und wirken sich nicht auf die Genießbarkeit und Speisequalität aus.

Russula aeruginea

Grasgrüner Täubling, Grüner Birkentäubling

Hut ø 5–12 cm; halbkugelig, später gewölbt, schließlich flach ausgebreitet und eingesenkt; grün bis graugrün oder oliv, am Rand zumeist heller; Huthaut nur bis zur Hälfte oder zu zwei Dritteln abziehbar, eingewachsen radialfaserig.
Lamellen Herablaufend; sehr gedrängt; zuweilen gegabelt oder adrig verbunden; anfangs weißlich, später auch gelblich.
Stiel 5–8 x 1–2 cm; zylindrisch; weiß, an der Basis manchmal rostfleckig.
Fleisch Zunächst weißlich, später auch grau; jung fest, im Alter oft mürbe; frisch gesammelte Pilze schmecken scharf, später verliert sich die Schärfe etwas.
Sporen 6–8 x 6–7 µm; annähernd kugelig; kurz stachelig oder warzig; Sporenpulver cremefarben.
Vorkommen In Laub- und Mischwäldern, Parks und an Wegrändern, gern unter Birken; saure Böden werden bevorzugt; sehr häufig; Juli bis Oktober.
Bemerkungen Wird normalerweise als mittelmäßiger Speisepilz bezeichnet, dessen anfängliche Schärfe sich beim Kochen verliert. Kann jedoch auch unbekömmlich sein.
Verwechslungsmöglichkeiten Mit anderen grünhütigen Täublingen, die nicht ganz einfach voneinander abzugrenzen sind. Unerfahrene Sammler könnten die Art mit dem ebenfalls grünhütigen, aber tödlich giftigen **Grünen Knollenblätterpilz** (*Amanita phalloides,* S. 68) verwechseln. Dieser läßt sich anhand des beringten Stieles und der knolligen, von einer Volva umgebenen Stielbasis jedoch leicht unterscheiden.

Russula cyanoxantha

Frauentäubling

Violettgrüner Täubling, Papageientäubling

Hut ø 5–18 cm; halbkugelig und genabelt, später gewölbt, schließlich flach ausgebreitet und niedergedrückt; die Färbung kann stark variieren, jung oft schiefergrau, später violett, grün, ockergelb, oliv, bläulich, bräunlich oder schwarzviolett, manche Exemplare zeigen auch eine Mischung der genannten Farben; Huthaut abziehbar, bei Regen schmierig; Rand jung eingerollt, später scharfkantig und ziemlich regelmäßig.
Lamellen Herablaufend; gedrängt; oft gegabelt; im Gegensatz zu anderen Täublingen splittern sie bei Berührung nicht, sondern verkleben; weißlich, manchmal auch etwas bläulich.
Stiel 4–12 x 2–3 cm; zylindrisch oder leicht bauchig; alt oft schwammig; weiß, manchmal leicht violett oder rötlich, brüchig.
Fleisch Weißlich, unter der Huthaut auch leicht rötlich.
Sporen 7–10 x 7–8 µm; annähernd rund; Sporenpulver weiß.
Vorkommen In Laub- und Nadelwäldern, vorzugsweise unter Buchen und Eichen; häufig; Juni bis November.
Bemerkungen Einer der schmackhaftesten und häufigsten Täublinge.
Verwechslungsmöglichkeiten Der Frauentäubling unterscheidet sich von anderen, ähnlich gefärbten Täublingen durch die verklebenden Lamellen. Unerfahrene Sammler müssen sich unbedingt vor einer Verwechslung mit dem tödlich giftigen **Grünen Knollenblätterpilz** (*Amanita phalloides,* S. 68) hüten.

Russula decolorans

Orangeroter Graustieltäubling

Hut ø 5–12 cm; anfangs fast kugelig, später flacher; orange- bis ziegelrot, im Alter oft ausblassend, vom Rand her manchmal grauend; Huthaut bei Regen klebrig oder leicht schmierig; Rand zumeist sehr dünn und bei alten Exemplaren leicht gerieft.
Lamellen Frei; gedrängt; bauchig und brüchig; anfangs hell-, später buttergelb, Schneide oft grau oder schwärzlich verfärbt, besonders an Druckstellen.
Stiel 2–8 x 1–3 cm; zylindrisch und zumeist sehr lang; weiß, alt mit einer typischen, grauen, runzligen Aderung.
Fleisch Weißlich, im Schnitt oder im Alter auch mit grauer bis schwärzlicher Verfärbung, unter der Huthaut manchmal auch leicht gelblich.
Sporen 8–12 x 7–8 µm; elliptisch; Sporenpulver hellocker.
Vorkommen In Nadelwäldern, vorzugsweise auf saurem Boden, gern zwischen Heidekraut oder Heidelbeeren; häufig; Juli bis Oktober.
Bemerkungen Guter Speisepilz.
Verwechslungsmöglichkeiten Mit dem ungenießbaren **Ockertäubling** *(R. ochroleuca)* aber auch mit anderen ungenießbaren oder giftigen Täublinge, die sich von den eßbaren Arten vor allem durch ihrem scharfen Geschmack unterscheiden.

Russula emetica

Speitäubling, Kirschroter Täubling,

Hut ø 4 – 10 cm; gewölbt, später flach ausgebreitet und niedergedrückt; normalerweise leuchtend rot, aber oft ausgeblaßt und dann eher ockergelb, rosa oder weißfleckig; Huthaut leicht abziehbar.
Lamellen Frei oder leicht angeheftet; gedrängt; weiß, oft gelb bis grün überlaufen.
Stiel 3 – 10 x 1 – 2 cm; zylindrisch, oft keulig verdickt; alt zumeist hohl; brüchig; weiß, höchstens an der Basis etwas rosafleckig; manchmal leicht runzlig.
Fleisch Weiß, unter der Huthaut auch rötlich; brüchig; Geschmack brennend scharf.
Sporen 7 – 11 x 7 – 9 µm; breit elliptisch bis rundlich; grob stachelig; Sporenpulver weiß.
Vorkommen In feuchten Laub- und Nadelwäldern, oft auch in Hochmooren; häufig; Juli bis November.
Bemerkungen Giftig; kann starke Verdauungsbeschwerden verursachen.
Verwechslungsmöglichkeiten Mit anderen roten Täublingen, etwa dem eßbaren **Apfeltäubling** *(R. paludosa),* dessen Stiel normalerweise rötlich überlaufen ist, dem ebenfalls eßbaren **Heringstäubling** *(R. xerampelina),* dessen Fleisch bei Verletzung bräunlich anläuft und der unverkennbar nach Heringslake riecht, oder mit dem wohlschmeckenden **Speisetäubling** (*R. vesa,* S. 112). Scharf schmeckende Täublinge sollte man generell meiden.

Russula vesca

Speisetäubling

Hut ø 6 – 12 cm; kugelig, später gewölbt, schließlich ausgebreitet und niedergedrückt; die Färbung kann stark variieren, typische Speisetäublinge sind fleischrot, es gibt aber auch Exemplare mit braunroten, leicht violetten, graurosa, dunkel ockerfarbenen oder graufleckig ausgeblaßten Hüten, die Mitte ist zumeist dunkler als die Randbereiche; Huthaut nur bis etwa zur Hälfte leicht abziehbar; Rand anfangs glatt, später häufig gerieft oder gefurcht.
Lamellen Angewachsen, manchmal leicht herablaufend; gedrängt; zuweilen gegabelt; weißlich bis cremefarben, an der Schneide häufig mit rostfarbenen Flecken.
Stiel 3 – 8 x 1 – 3 cm; zylindrisch, am Grunde oft ein wenig verjüngt; brüchig, alt zumeist schwammig; weiß, im unteren Teil oft gelb- oder rostfleckig.
Fleisch Weißlich, oft mit gelben oder bräunlichen Flecken; Geschmack mild.
Sporen 6 – 8 x 5 – 6 µm; kugelig; Sporenpulver weißlich.
Vorkommen Vorzugsweise in Laubwäldern und dort hauptsächlich unter Eichen und Buchen; häufig; Juni bis Oktober, manchmal schon im Mai.
Bemerkungen Guter Speisepilz.
Verwechslungsmöglichkeiten Hüten muß man sich vor einer Verwechslung mit scharf schmeckenden, rothütigen Täublingen, etwa dem giftigen **Speitäubling** (*R. emetica,* S. 112). Andere eßbare Täublinge mit einem rötlichen Hut sind der **Apfeltäubling** *(R. paludosa),* dessen Stiel normalerweise rötlich überlaufen ist, oder der **Heringstäubling** *(R. xerampelina),* dessen Fleisch bei Verletzung bräunlich anläuft und der unverkennbar nach Heringslake riecht.

Sarcodon imbricatus

Habichtspilz

Rehpilz, Hirschschwamm, Habichtsstacheling, Hirschling

Hut ø 6–18 cm; anfangs flach gewölbt, später ausgebreitet und zumeist niedergedrückt, manchmal auch leicht gebuckelt oder trichterförmig vertieft; graubraun, oft auch dunkel- bis schwarzbraun; Huthaut schon bei jungen Exemplaren mit grob abstehenden Schuppen, die ein wenig an ein Habichtsgefieder erinnern; Rand zunächst eingerollt, später normalerweise wellig verbogen.
Stacheln 5–12 mm lang; herablaufend; gedrängt; relativ brüchig; jung weißlich bis grau, später zumeist bräunlich.
Stiel 4–8 x 1,5–3 cm; zylindrisch, relativ kurz und dick, zuweilen exzentrisch am Hut angewachsen, an der Basis manchmal etwas verdickt; bei älteren Exemplaren oft hohl; grau- oder orangebraun.
Fleisch Ziemlich fest; weißlich, grau oder auch bräunlich.
Sporen 6–7 x 5–6 µm; rundlich und oft mit feinen Höckern; Sporenpulver braun.
Vorkommen In Nadelwäldern; oft in Ringen oder Reihen; relativ häufig, besonders in höheren Lagen; August bis November.
Bemerkungen Jung eßbar, allerdings nur gekocht; rohe Pilze können Verdauungsbeschwerden hervorrufen, ältere Exemplare sind zumeist bitter und madig.
Verwechslungsmöglichkeiten Mit dem ungenießbaren **Gallenstacheling** *(S. scabrosum),* der aber kleinere und dichter anliegende Schuppen sowie eine schwärzliche Stielbasis hat.

Tricholoma equestre

Grünling, Echter Ritterling

Synonyme *T. flavovirens, T. auratum, Agaricus equestris.*
Hut ø 5–10 cm; gewölbt, später flach ausgebreitet und stumpf gebuckelt; olivgelb bis olivgrün, in der Hutmitte auch rötlich oder braun; Rand jung zumeist stark eingebogen.
Lamellen Ausgebuchtet angewachsen; gedrängt; schwefelgelb.
Stiel 3–7 x 1–2 cm; zylindrisch, jung oft auch bauchig; schwefelgelb, manchmal mit einzelnen braunen Schuppen, in Hutnähe häufig weißlich.
Fleisch Weiß, unter der Huthaut auch gelblich; Geruch leicht mehlartig.
Sporen 6–8 x 3–3,5 µm; elliptisch; Sporenpulver weiß.
Vorkommen Hauptsächlich in Nadelwäldern und dort besonders unter Kiefern; Sandböden werden bevorzugt; oft sind die Pilze so tief im Sand, daß man sie kaum sehen kann; zerstreut, in den letzten Jahren außerdem rückläufig; Oktober bis in den Winter.
Bemerkungen Wohlschmeckender Speisepilz; die Huthaut sollte man vor dem Gebrauch abziehen, außerdem müssen die Pilze sorgfältig gewaschen werden, um alle Sandreste zu entfernen. Nicht in Verbindung mit Alkohol verzehren (vgl. Anatbus-Reaktion).
Verwechslungsmöglichkeiten Mit dem giftigen **Schwefelgelben Ritterling** *(T. sulphureum),* der allerdings gelbes Fleisch hat und unangenehm nach Karbid riecht. Der tödlich giftige **Grüne Knollenblätterpilz** (*Amanita phalloides,* S. 68) kann farblich ähnlich aussehen, unterscheidet sich aber deutlich durch den beringten Stiel und die knollige, von einer Volva umgebende Stielbasis.

Tricholoma pardolatum

Tigerritterling

Synonyme *T. pardinum, T. trigrinum.*

Hut ø 6–12 cm; halbkugelig bis glockig, später ausgebreitet und leicht gebuckelt; grau bis graubraun, manchmal schwach violett, bei Druck leicht bräunlich anlaufend; Huthaut mit groben, dachziegelartigen Schuppen; Rand lange eingebogen.

Lamellen Ausgebuchtet angewachsen; gedrängt; relativ breit und leicht bauchig; weißlich oder gelblich, manchmal auch leicht olivgrau; oft mit wasserklaren „Tränen".

Stiel 5–8 x 1–4 cm; zylindrisch, manchmal etwas bauchig; weißlich oder leicht ockerfarben, im unteren Teil häufig mit rostfarbenen Flecken; junge Exemplare scheiden an der Spitze oft eine klare Flüssigkeit ab.

Fleisch Weiß, unter der Huthaut auch grau, an der Stielbasis oft gelblich oder rötlich; Geruch leicht mehlartig.

Sporen 8–10 x 5–7 µm; oval; Sporenpulver weiß.

Vorkommen In Laub- und Nadelwäldern mit Kalkuntergrund; wenig verbreitet, aber in manchen Gegenden regelmäßig und stellenweise häufig; August bis Oktober.

Bemerkungen Giftig. Kann schwere Darmverstimmungen hervorrufen; ist schwer zu bestimmen.

Verwechslungsmöglichkeiten Mit anderen grauen Ritterlingen etwa dem **Schwarzfaserigen Ritterling** (*T. portentosum,* S. 116), dessen Huthaut eine schwärzliche Radialstreifung aufweist, oder dem **Grauen Erdritterling** *(T. terreum),* der nicht nach Mehl riecht. Beide sind eßbar.

Tricholoma portentosum

Schwarzfaseriger Ritterling

Rußkopf, Schneeritterling

Hut ø 5–14 cm; anfangs gewölbt, später flach ausgebreitet und gebuckelt; hell bis dunkelgrau, manchmal mit grünlichen oder gelben Schattierungen; Huthaut mit einer typischen schwärzlichen, etwas erhabenen, radialstrahligen Faserung.

Lamellen Ausgebuchtet angewachsen; entfernt; ziemlich breit, wenn auch mit schmaler Schneide; weißlich, alt auch gelblich oder grünlich überlaufen.

Stiel 6–12 x 1–3 cm; zylindrisch; alt oft hohl; weißlich, manchmal gelb oder grünlich überlaufen; kahl oder leicht flockig.

Fleisch Weißlich, unter der Huthaut auch grau; Geruch leicht mehlartig.

Sporen 5–6 x 4–5 µm; rundlich bis kurz elliptisch; Sporenpulver weiß.

Vorkommen In Laub- und Nadelwäldern, sandige Kiefernwälder werden bevorzugt; stellenweise häufig; September bis Dezember.

Bemerkungen Guter Speisepilz; bei feuchtem Wetter sollte die schmierige Huthaut vor dem Verzehr abgezogen werden. Ritterlinge sind schwer zu bestimmen und sollten nur von erfahrenen Pilzsammlern gesammelt werden.

Verwechslungsmöglichkeiten Mit dem giftigen **Tigerritterling** (*T. pardolatum,* S. 116), dessen Hut aber keine schwärzliche Radialstrahlung aufweist und der hauptsächlich auf Kalk vorkommt.

Gyromitra esculenta

Frühjahrslorchel

Stockmorchel, Speiselorchel, Giftlorchel

Hut 3–9 cm hoch und bis zu 8 cm breit; ziemlich unregelmäßig, manchmal rundlich, oft lappig, aber stets gehirnartig gewunden; gelb-, rot- oder dunkelbraun.
Stiel 3–7 x 1,5–3,5 cm; unregelmäßig, manchmal verzweigt; häufig gekammert oder hohl; weiß bis gelblich oder fleischfarben, gelegentlich schwach violett überlaufen; oft längsgefurcht oder leicht runzlig.
Fleisch Wachsartig, sehr dünn und zerbrechlich.
Sporen 19–23 x 9–12 µm; elliptisch.
Vorkommen Vorzugsweise in Nadelwäldern mit Sandboden und dort besonders unter Kiefern; stellenweise häufig; März bis Mai.
Bemerkungen Giftig (vgl. Gyromitrin-Syndrom).
Verwechslungsmöglichkeiten Mit der eßbaren **Spitzmorchel** (*Morchella conica,* S. 120) oder der wohlschmeckenden **Speisemorchel** (*M. esculenta,* S. 122), deren Fruchtkörper ebenfalls im Frühjahr erscheinen. Bei beiden ist der Hut nicht gehirnartig gewundenen, sondern hat wabenartige Längs- oder Querleisten. Bei der nahe verwandten, aber sehr viel selteneren, giftverdächtigen **Bischofsmütze** (*G. infula,* S. 118) besteht der Hut aus einzelnen Zipfeln.

Gyromitra infula

Bischofsmütze

Synonym *Helvella infula.*
Hut ø 3–8 cm; zumeist lappig, wobei die Lappen häufig zu drei spitzen Zipfeln umgebildet sind, so daß der ganze Hut entfernt an eine Bischofsmütze erinnert, unten sind Lappen oft am Stiel angewachsen; ocker- bis rotbraun.
Stiel 3–5 x 1–1,5 cm; unregelmäßig, an der Basis häufig ein wenig verjüngt; glatt; zumeist gekammert, alt oft hohl; gelblich bis fleischfarben, manchmal mit weißfilzigem Belag.
Fleisch Weiß oder ein wenig rötlich; sehr brüchig.
Sporen 19–22 x 8–10 µm; elliptisch.
Vorkommen Vorzugsweise in Nadel-, manchmal auch in Laubwäldern, gern auf Baumstümpfen, Brandstellen oder ehemaligen Holzlagerplätzen; selten; September bis November.
Bemerkungen Wird in der Regel als eßbar beschrieben, manchmal aber auch als giftverdächtig, so daß vom Verzehr abgeraten werden muß. Da die Art nicht sehr verbreitet ist, sollte sie schon aus diesem Grund geschont werden.
Verwechslungsmöglichkeiten Mit der giftigen **Frühjahrslorchel** (*G. esculenta,* S. 118), von der sich die Bischofsmütze vor allem durch die unterschiedliche Wachstumsperiode (Frühjahr bzw. Herbst), aber auch durch die Farbe und Form des Hutes unterscheidet. Außerdem sind Verwechslungen mit der **Spitzmorchel** (*Morchella conica,* S. 120) oder der **Speisemorchel** (*M. esculenta,* S. 122) möglich, deren Hut allerdings regelmäßige bzw. unregelmäßige wabenartige Hutleisten aufweist. Beide sind eßbar.

Helvella crispa

Herbstlorchel, Krause Lorchel

Synonym *H. pithyophila.*

Hut ø 2 – 6 cm; aus einzelnen faltigen, häufig umgeschlagenen Lappen zusammengesetzt, die am Stiel angewachsen sein können, sehr unregelmäßig, manchmal sattelförmig; weißlich, cremefarben oder ocker; Huthaut fein filzig.

Stiel 7 – 15 x 2 – 4 cm; zylindrisch, an der Basis manchmal verdickt; anfangs weiß, später oft gelblich; Oberfläche mit tiefen Längsfurchen.

Fleisch Weißlich; dünn und relativ zäh.

Sporen 16 – 20 x 9 – 11 µm; elliptisch.

Vorkommen In feuchten Laub- und Mischwäldern; nicht selten; Juli bis Oktober.

Bemerkungen Roh giftig. Zwar wird beim Kochen ein Teil des Giftes zerstört, aber es kann dennoch zu individuellen Unverträglichkeitsreaktionen kommen, so daß vom Verzehr abgeraten wird.

Verwechslungsmöglichkeiten Mit anderen *Helvella*-Arten, etwa der habituell sehr ähnlichen, eßbaren **Grubenlorchel** *(H. lacunosa),* die zwar eigentlich dunkelgrau oder sogar leicht lila ist, von der aber eine Albinoform existiert, die nur schwer von der Herbstlorchel zu unterscheiden ist.

Morchella conica

Spitzmorchel, Hohe Morchel

Synonym *M. elata.*

Hut 3 – 8 cm lang und 2 – 3 cm breit; schlank eiförmig bis spitzkegelig; innen vollkommen hohl; hellgrau bis grau- oder olivbraun und mit kastanien- bis schwarzbraunen, mehr oder weniger parallel verlaufenden Rippen, die ein regelmäßiges wabenartiges Muster bilden; der untere Hutrand ist mit dem Stiel verwachsen.

Stiel 2 – 6 x 1 – 1,5 cm; zylindrisch; hohl; weißlich bis ocker; meist mit runzliger Oberfläche.

Fleisch Weißlich, im Hut auch grau; dünn und brüchig.

Sporen 20 – 25 x 12 – 16 µm; elliptisch.

Vorkommen In Laub- und Nadelwäldern, aber auch in Gärten und Parks oder auf Schutthalden; nicht selten, besonders nach strengen Wintern; März bis Mai.

Bemerkungen Wohlschmeckender Speisepilz, der gern für Saucen, Suppen oder Fleischfüllungen verwendet wird.

Verwechslungsmöglichkeiten Es besteht eine entfernte Ähnlichkeit mit der giftigen **Frühjahrslorchel** (*Gyromitra esculenta,* S. 118), mit der die Spitzmorchel auch das frühe Erscheinen gemein hat. Der Hut der Frühjahrslorchel weist allerdings hirnartige Windungen und kein wabenartiges Muster mit Vertiefungen und hervorstehenden Rippen auf. Die gleichfalls im Frühjahr wachsende, eßbare **Speisemorchel** (*Morchella esculenta,* S. 122) unterscheidet sich durch den weniger spitz zulaufenden Hut und das sehr viel unregelmäßigere Wabenmuster.

Morchella esculenta

Speisemorchel, Rundmorchel

Synonym *M. vulgaris.*
Hut ø 4–8 cm; zumeist rundlich bis oval, aber auch walzen-, ei- oder annähernd kegelförmig; vollkommen hohl; gelb bis ockerfarben; mit Quer- und Längsleisten, die ein unregelmäßiges, wabenartiges Muster bilden, wobei die Leisten zumeist heller gefärbt sind als die Vertiefungen; der untere Hutrand ist fest mit dem Stiel verwachsen.
Stiel 4–6 x 2–3 cm; zylindrisch und relativ kurz; hohl; weißlich bis ockerfarben; in Hutnähe auch bereift.
Fleisch Weißlich; ziemlich brüchig.
Sporen 18–22 x 10–15 µm; elliptisch.
Vorkommen In Laub- und Mischwäldern, Gärten und Parks, aber auch an Flußufern; gedüngte Flächen werden gemieden; nicht selten; April bis Mai.
Bemerkungen Wohlschmeckender und begehrter Speisepilz. Da Morcheln vergleichsweise langsam wachsen, sind Teile manchmal schon in Verwesung übergegangen, ohne daß man ihnen das auf den ersten Blick ansieht. Solche Exemplare rufen dann häufig Verdauungsstörungen hervor. Auch vor dem Verzehr roher Pilze ist abzuraten.
Verwechslungsmöglichkeiten Mit der giftigen **Frühjahrslorchel** (*Gyromitra esculenta,* S. 118), deren Hut allerdings hirnartige Windungen und kein wabenartiges Muster mit Vertiefungen und hervorstehenden Leisten aufweist. Die ebenfalls im Frühjahr wachsende, eßbare **Spitzmorchel** (*Morchella conica,* S. 120) unterscheidet sich durch den spitzer zulaufenden Hut und das sehr viel regelmäßigere Wabenmuster.

Phallus impudicus

Stinkmorchel, Leichenfinger

Synonym *Ithyphallus impudicus* .
Fruchtkörper Der Fruchtkörper ist anfangs kugel- bis eiförmig (in diesem Stadium wird er „Hexen- oder Teufelsei" genannt) und hat in dieser Phase einen Durchmesser von 3–5 cm. Hut und Stiel sind, wie man bei Durchschneiden des Hexeneis leicht feststellen kann, bereits vorgebildet. Später platzt die Außenhülle und gibt den unverwechselbaren Fruchtkörper frei. Dieser streckt sich und besteht dann aus einem 10–20 cm langen und etwa 2–4 cm dicken, zylindrischen, an beiden Enden verjüngten, hohlen, weißen Stiel und einem kurzen, etwa 3–4 cm langen, glockenförmigen Hut mit einer wabenartigen Oberfläche, die wiederum von einer oliv- bis schwarzgrünen Sporenmasse (Glebra) überzogen ist. Von dieser geht bei der Reife ein aasartiger Geruch aus, mit dem Fliegen angelockt werden, die für die Verbreitung der Sporen sorgen.
Sporen 4–5 x 1,5–2 µm; stäbchenförmig.
Vorkommen In Laub- und Nadelwäldern; sehr häufig; Mai bis November.
Bemerkungen Als „Hexenei" eßbar, später ungenießbar. „Hexeneier" werden nach dem Entfernen der Gallerthülle wie Bratkartoffeln zubereitet.
Verwechslungsmöglichkeiten Die sehr viel seltenere **Dünenstinkmorchel** *(P. hadriani)* hat eine rosafarbene Volva und kommt nur in Dünenlandschaften vor. Die **Hundsrute** *(Mutinus caninus)* ist nicht in Hut und Stiel gegliedert, sondern besitzt nur eine farblich abgesetzte Spitze.

Fistulina hepatica

Ochsenzunge, Leberreischling, Leberpilz

Fruchtkörper 10–30 cm breit und 2 bis 6 cm dick; zunächst zungen- bis nierenförmig, dann leberartig oder hutförmig gelappt, an der Anwuchsstelle zumeist stielartig zugespitzt; fleischig; oberseits jung orangefarben oder rosa, dann blutrot bis braunrot und schließlich dunkelbraun, unterseits mit sehr feinen Röhren, deren Poren zunächst weiß bis gelblich und dann rosa sind, und die sich im Alter oder bei Druck oft auch bräunlich verfärben; junge Poren sondern häufig rote Tropfen ab.
Fleisch Dunkel blutrot, aber von helleren Fasern („Adern") durchzogen; zart und saftig, beim Anschneiden tritt ein blutroter Saft aus, so daß der Fruchtkörper ein wenig an tierisches Fleisch erinnert.
Sporen 4,5–5,5 x 3,5–4 µm; rundlich bis eiförmig; Sporenpulver bräunlich.
Vorkommen An lebenden Bäumen, vorzugsweise alten Eichen oder Rotbuchen; zerstreut, aufgrund forstwirschaftlicher Maßnahmen manchmal auch schon selten; August bis Oktober.
Bemerkungen Jung eßbar. Je älter die Fruchtkörper sind, um so besser muß man sie kochen, damit die Gerbsäure entfernt wird. Da der Speisewert nicht besonders hoch ist, die Art aber immer seltener wird, sollte man auf einen Verzehr möglichst verzichten.
Verwechslungsmöglichkeiten Keine.

Fomes fomentarius

Zunderschwamm

Fruchtkörper 10–30 cm breit und etwa ebenso hoch; hutförmig bzw. umgekehrt konsolenförmig, seitlich angewachsen und mit sehr harter Rinde; oberseits konzentrisch gefurcht, rußgrau bis blaß bräunlich, unterseits abgeplattet.
Röhren Mehrfach geschichtet, braun; Poren klein, rundlich, weiß bis hellgrau, alt oft auch ein wenig bräunlich.
Fleisch Korkartig, relativ hart und zumeist rostbraun.
Sporen 15–20 x 5–7 µm; länglich elliptisch; Sporenpulver weiß.
Vorkommen Zumeist an geschwächten Laubbäumen, vorzugsweise alten Buchen, Eichen, Kastanien und Birken; häufig; ganzjährig.
Bemerkungen Ungenießbar. Wurde früher in Salpetersäure getränkt und als Zunder verwendet.
Verwechslungsmöglichkeiten Mit **Lackporlingen** *(Ganoderma),* die sich durch ihr braunes Sporenpulver unterscheiden und **Feuerschwämmen** *(Phellinus),* deren Fleisch fast holzartig fest ist.

Laetiporus sulphureus

Schwefelporling

Fruchtkörper Aus einzelnen, dachziegelartig übereinander angeordneten oder miteinander verwachsenen Hüten zusammengesetzt, die einen Durchmesser von bis zu 50 cm und ein Gewicht von bis zu 20 kg erreichen können; jung zungen- oder keulenförmig, alt fächerförmig, seitlich am Baumstamm ansetzend; zitronengelb oder leuchtend organgegelb bis orange, alt oft ausblassend; oberseits farblich häufig gezont, Rand zumeist schwefelgelb.
Röhren Kurz; Poren sehr klein, rundlich, schwefelgelb; manchmal Wassertropfen ausscheidend.
Fleisch Gelblich bis orange; jung weich und saftig, alt sehr trocken und brüchig, oft ausblassend.
Sporen 5–7 x 3,5–5 µm; eiförmig; Sporenpulver weißlich.
Vorkommen Hauptsächlich an abgestorbenen und lebenden Laubbäumen, etwa Eichen, Robinien oder Obstbäumen; häufig; Mai bis September.
Bemerkungen Roh giftig, jung eßbar, aber ohne besonderen Wert. Die Fruchtkörper können wie ein Schnitzel paniert und gebraten werden.
Verwechslungsmöglichkeiten Wegen der auffälligen, gelben Färbung unverwechselbar.

Trametes versicolor

Schmetterlingstramete

Schmetterlingsporling, Bunte Tramete

Synonyme *Coriolus versicolor, Polyporus versicolor.*
Fruchtkörper ø 3–10 cm; die dünnfleischigen, lappigen, ungestielten Fruchtkörper findet man dachziegelartig neben- und übereinander angeordnet auf abgestorbenen Ästen oder Stämmen; die Färbung kann sehr unterschiedlich sein, zumeist sind die Fruchtkörper purpurfarben, bräunlich, grünlich oder schwärzlich, manchmal auch bläulich oder grau; die Oberseite ist samtig behaart und normalerweise mehrfarbig zoniert, am Rand ist häufig ein weißlicher Streifen vorhanden; im Alter oft von Algen grün überwachsen.
Röhren Sehr kurz; anfangs weiß, später oft gelblich; Poren fein, rundlich, im Alter manchmal zerrissen.
Fleisch Weiß und von lederartiger Konsistenz.
Sporen 5–8 x 1,5–3 µm; zylindrisch, oft etwa gebogen; Sporenpulver weiß.
Vorkommen Normalerweise auf Laubhölzern, seltener auf Nadelbäumen; sehr häufig; ganzjährig.
Bemerkungen Ungenießbar. Starker Weißfäuleverursacher.
Verwechslungsmöglichkeiten Eine gewisse Ähnlichkeit hat die normalerweise weiße, aber oft von Algen grün gefärbte **Buckeltramete** *(T. gibbosa).* Sie unterscheidet sich vor allem durch ihren deutlichen Buckel und die radial verlängerten Röhrenöffnungen. Die **Striegelige Tramete** *(T. hirsuta)* ist dickfleischiger und hat striegelhaarige Borsten; der **Birkenblättling** *(T. betulina)* kann ebenfalls verschiedenfarbige Zonen ausbilden, läßt sich aber durch seine Lamellen leicht unterscheiden.

Bovista nigrescens

Schwärzender Bovist, Eierbovist

Fruchtkörper ø 3–10 cm; annähernd kugelförmig; ungestielt; mit einer weißen, etwas runzligen, sich an Druckstellen braun verfärbenden Außenhaut (Exoperidie) und einer darunter liegenden pergamentartigen Innenhaut (Endoperidie). Beide schützen die ganz im Inneren befindliche Fruchtschicht (Gleba). Die Exoperidie bröckelt später eierschalenartig ab, so daß die dauerhafte, oft faltige, purpur- bis schwarzbraune Endoperidie zum Vorschein kommt, die schließlich am Scheitel aufplatzt und die Sporen freigibt. Die Gleba ist anfangs vollfleischig und weiß, dann wässrig und gelblich bis oliv und schließlich staubtrocken und purpurbraun.
Sporen 5–6 µm; rundlich und mit einem etwa 5–8 µm langen Stielchen (Sterigmenrest); warzig; Sporenpulver braun.
Vorkommen In Laubwäldern, aber auch an Wegrändern; oft in Gruppen; im Flachland seltener als in höheren Lagen, dort durchaus häufig; Juni bis September.
Bemerkungen Gilt jung (solange die Gleba noch weiß ist) als eßbar, ist aber nicht besonders schmackhaft.
Verwechslungsmöglichkeiten Mit dem jung ebenfalls eßbaren **Bleigrauen Zwergbovist** *(B. plumbea)*, der sich hauptsächlich durch die bleigraue Innenhülle unterscheidet. Bei oberflächlicher Betrachtung könnte auch eine Verwechslung mit **Stäublingen** *(Lycoperdon)* vorkommen. Deren Fruchtkörper sind allerdings gestielt.

Geastrum fimbriatum

Gewimperter Erdstern

Fransenerdstern, Rötender Erdstern

Synonyme *G. sessile, G. rufescens.*
Fruchtkörper Anfangs kugelförmig und vollständig oder weitgehend in der Erde verborgen. Später platzt die äußere Hülle (Exoperidie) von der Spitze her auf, und die dabei entstehenden 5–10 Lappen biegen sich nach außen. Auf diese Weise erhält der Fruchtkörper seine sternförmige Gestalt und wird gleichzeitig aus dem Boden herausgeschoben. Die Gesamtbreite des Fruchtkörpers (mit entfalteter Exoperidie) beträgt zwischen 2 und 7 cm. Inmitten der sternförmigen Exoperidie befindet sich die von einer dünnen Endoperidie umgebene, ungestielte Gleba, die später an der Spitze mit einer fransig bewimperten Öffnung aufplatzt und die Sporen freigibt. Junge Fruchtkörper sind beige, ältere bräunlich, wobei sich die anfangs fleischige Konsistenz der Lappen verliert, so daß diese pergamentartig dünn wirken.
Sporen 2,5–3,5 µm; rundlich; feinwarzig, manchmal auch teilweise glatt; Sporenpulver gelb- bis ockerbraun.
Vorkommen In trockenen Laub- und Nadelwäldern, gern unter Fichten; relativ häufig; die Fruchtkörper entwickeln sich zwischen August und September, bleiben aber zumeist sehr viel länger erhalten.
Bemerkungen Ungenießbar.
Verwechslungsmöglichkeiten Andere, ebenfalls ungenießbare **Erdsterne**, von denen es in Mitteleuropa rund 25 Arten gibt, auch wenn die meisten von ihnen eher selten sind.

Langermannia gigantea

Riesenbovist, Riesenstäubling

Synonym *Clavatia gigantea.*
Fruchtkörper ø 15 – 50 cm; annähernd kugelförmig; ungestielt; mit einer vergänglichen, glatten, weißen, mit zunehmendem Alter auch gelb- bis olivbraunen Außenhaut (Exoperidie) und einer darunter liegenden, weißlichen bis graugelben Innenhaut (Endoperidie). Beide schützen die ganz im Inneren befindliche Fruchtschicht (Gleba). Sowohl die Exoperidie als auch die Endoperidie werden mit zunehmender Reife immer weicher und blättern schließlich ganz oder teilweise ab, so daß die gelbgrüne Fruchtschicht (Gleba) sichtbar wird. Diese ist von gelblichen Fäden, sogenannten Kapillitiumfasern, durchsetzt, an denen die gestielten Sporen angewachsen sind.
Sporen 4 – 6 µm; rundlich und mit einem Stielchen (Sterigmenrest); glatt oder feinwarzig; Sporenpulver braun.
Vorkommen Auf nährstoffreichen Weiden und in Gärten, manchmal auch in lichten Laubwäldern oder Parks; nicht selten; August bis Oktober.
Bemerkungen Jung eßbar (solange die Fruchtkörper noch weiß und fest sind). Die übliche Zubereitung besteht darin, den Pilz in Scheiben zu schneiden und ihn dann, paniert oder unpaniert, gut durchzubraten (sonst ist er bitter).
Verwechslungsmöglichkeiten Aufgrund seiner Größe praktisch unverwechselbar.

Lyccoperdon perlatum

Flaschenstäubling, Flaschenbovist

Fruchtkörper 3 – 8 cm hoch und 2 –3 cm breit; umgedreht birnen- bzw. flaschenförmig und dadurch wie gestielt wirkend; jung weiß, grau oder cremefarben, später gelb- bis graubraun; vor allem im kugeligen Teil dicht mit Stacheln unterschiedlicher Länge besetzt, die leicht abbrechen und dabei ein netzartiges Muster hinterlassen; bei der Reife entsteht im Scheitel eine kleine, rundliche Öffnung, aus der die Sporen freigesetzt werden; das Innere des Fruchtkörpers besteht aus einer Fruchtmasse (Gleba) im oberen Teil und einem sterilen „Stiel"; das Fleisch ist zunächst zart und weiß, später verfärbt es sich gelblich, graubraun oder grünlich und wird breiig; die Gleba verwandelt sich bei der Reife in eine braune Sporenmasse.
Sporen 3 – 4 µm; rundlich; warzig; Sporenpulver olivbraun.
Vorkommen In Laub- und Nadelwäldern, oft in Gruppen; sehr häufig; Juli bis November.
Bemerkungen Jung eßbar (solange das Innere des Fruchtkörpers noch weiß ist). Die häufigste Form der Zubereitung besteht darin, zunächst die Außenhülle zu entfernen, den Pilz dann in Scheiben zu schneiden und diese paniert zu braten.
Verwechslungsmöglichkeiten Andere Stäublinge, etwa der jung eßbare, aber wenig empfehlenswerte **Stinkende Stäubling** *(L. foetidum),* dessen bräunliche bis schwärzliche Stacheln nicht so leicht abfallen wie beim Flaschenstäubling, und der einen unangenehmen Geruch hat. Letzteres gilt auch für den ungenießbaren **Birnenstäubling** (*L. pyriforme* S., 132), der außerdem auf Holz wächst und glatte Sporen besitzt.

Lycoperdon pyriforme

Birnenstäubling

Fruchtkörper 2 – 5 cm hoch und 2 –3 cm breit; eiförmig oder umgedreht birnenförmig und dadurch wie gestielt wirkend, an der Spitze manchmal leicht gebuckelt, an der Basis mit kräftigen, weißen Myzelsträngen; jung weiß, später gelb- bis dunkelbraun; Oberfläche fein warzig; bei der Reife entsteht im Scheitel eine kleine, rundliche Öffnung, aus der die Sporen freigesetzt werden; das Innere des Fruchtkörpers besteht aus einer Fruchtmasse (Gleba) im oberen Teil und einem sterilen „Stiel"; die Gleba ist jung weiß und fest, später gelbgrün und breiig, bei der Reife bräunlich und staubig, der sterile Teil bleibt zumeist weiß; Geruch unangenehm stechend.
Sporen 3 – 5 µm; rundlich; Sporenpulver olivbraun.
Vorkommen Auf abgestorbenem Laub- und Nadelholz, oft auch auf vergrabenen Ästen, so daß der Eindruck entsteht, die Pilze würden auf dem Boden wachsen; häufig; August bis November.
Bemerkungen Jung eßbar (solange das Innere des Fruchtkörpers noch weiß ist), aber wenig empfehlenswert. Die häufigste Form der Zubereitung besteht darin, zunächst die Außenhülle zu entfernen, den Pilz dann in Scheiben zu schneiden und diese paniert zu braten.
Verwechslungsmöglichkeiten Mit anderen Stäublingen, etwa dem jung ebenfalls eßbaren, aber ebensowenig empfehlenswerten **Stinkenden Stäubling** *(L. foetidum)*, der bräunliche bis schwärzliche Stachel besitzt, oder dem gleichfalls stachligen **Flaschenstäubling** (*L. perlatum* S. 130).

Scleroderma citrinum

Dickschaliger Kartoffelbovist

Kartoffel-Hartbovist

Synonyme *S. aurantium, S. vulgare.*
Fruchtkörper ø 4 –10 cm; rundlich, manchmal abgeplattet; ungestielt; mit einer ziemlich harten, stark rissig gefelderten, gelblichen bis ockerfarbenen Hülle (Peridie), die eine jung feste, weiße bis gelbliche, unangenehm stechend riechende Fruchtmasse (Gleba) umgibt, die sich später grauschwarz verfärbt und schließlich zu olivbraunem Sporenstaub zerfällt. Die Hülle bricht bei der Reife mit einer unregelmäßigen Öffnung auf und entläßt die Sporen.
Sporen 8 –13 µm; rundlich; netzartig ornamentiert; Sporenpulver olivbraun.
Vorkommen In Laub- und Nadelwäldern; zumeist auf sauren Böden; häufig; Juli bis November.
Bemerkungen Giftig. Führt oft bereits in geringer Dosis zu Verdauungsstörungen, größere Mengen können Ohnmachtsanfälle hervorrufen.
Verwechslungsmöglichkeiten Mit dem ebenfalls giftigen **Dünnschaligen Kartoffelbovisten** *(S. verrucosum)*, der eine stielartig verlängerte Basis mit zumeist un-übersehbaren Hyphenbündeln besitzt und eine viel dünnere Peridie. Bei oberflächlicher Betrachtung könnte auch eine Verwechslung mit eßbaren **Stäublingen** *(Lycoperdon)* und **Bovisten** *(Bovista)* vorkommen.

Aleuria aurantia

Gewöhnlicher Orangebecherling

Orangeroter Becherling, Orangeroter Schüsselpilz

Synonyme *Pezizia coccinea, P. aurantia.*
Fruchtkörper ø 5–10 cm; normalerweise ungestielt; anfangs kelch- oder schüsselförmig, später ausgebreitet und wellig verbogen oder gelappt; Innenseite leuchtend orangerot bis gelborange gefärbt, Außenseite heller und oft mehlig bereift.
Fleisch Sehr dünn, wachsartig und ziemlich brüchig.
Sporen 16–20 x 10–12 µm; elliptisch; netzartig ornamentiert.
Vorkommen An offenen Standorten mit freien, einigermaßen feuchten Bodenflächen, etwa an Böschungen oder auf neu angelegten Waldwegen; gern zwischen Gras und Moos; oft in Gruppen; häufig; Juli bis Oktober.
Bemerkungen Eßbar, aber wenig schmackhaft und höchstens als Suppenpilz geeignet.
Verwechslungsmöglichkeiten Aufgrund der ungewöhnlich leuchtenden Färbung praktisch unverwechselbar. Die Fruchtkörper wirken aus einiger Entfernung wie fortgeworfene Orangenschalen.

Calocera viscosa,

Klebriger Hörnling, Schönhorn

Synonym *C. flammea.*
Fruchtkörper 3–6 x 0,2–0,5 cm; einzeln stehend oder büschelig zusammengewachsen; einzelne Ästchen ähnlich wie bei den Korallenpilzen *(Ramaria)* verzweigt und daher dieser Gattung nicht unähnlich; gelb, orangegelb oder orange; Oberfläche klebrig bis schleimig; Basis oft mit (bis zu 25 cm) langen, wurzelartigen Hyphenausläufern.
Fleisch Gelblich; zäh bis gummiartig; trocken hornartig.
Sporen 8–12 x 4,5–6 µm; elliptisch; Sporenpulver ockergelb.
Vorkommen Auf abgestorbenem Nadelholz, gern auf alten Fichtenstümpfen; häufig; ganzjährig.
Bemerkungen Ungenießbar.
Verwechslungsmöglichkeiten Mit Korallenpilzen, etwa mit der eßbaren **Orangegelben Koralle** (*Ramaria aurea,* S. 136), oder der ungenießbaren **Schwefelgelben Koralle** *(R. flava),* die aber keine schleimige Oberfläche und keine langen Hyphenausläufer besitzen. Außerdem ist die Konsistenz des Fruchtkörpers nicht gummiartig. Der ebenfalls ähnliche **Pfriemförmige Hörnling** *(Calocera cornea)* ist kürzer (bis 1 cm hoch) und wächst auf Laubholzstrünken.

Craterellus cornucopioides

Totentrompete, Herbsttrompete, Füllhorn

Fruchtkörper 5–12 cm hoch, an der Spitze nach außen umgeschlagen, dort dann bis 8 cm breit; trompeten- oder trichterförmig und bis an die Stielbasis offen; sehr dünnfleischig; grau- bis schwarzbraun, im Alter zumeist dunkler als in der Jugend, bei feuchtem Wetter oft dunkelblau bis tiefschwarz; Rand unregelmäßig und wellig verbogen; das Hymenium auf der Außenseite ist anfangs glatt, dann faltig oder aderig-gerunzelt und schließlich oft von einer weißen Sporenmasse bedeckt.
Fleisch Grau bis schwärzlich; sehr dünn und zäh.
Sporen 10–14 x 7–9 µm; elliptisch; Sporenpulver weiß.
Vorkommen Hauptsächlich in Laubwäldern und dort vorzugsweise unter Buchen oder Eichen; Lehm- oder Kalkböden werden bevorzugt; oft in Büscheln wachsend; stellenweise häufig, im Flachland zumeist fehlend; August bis November.
Bemerkungen Eßbar; getrocknet als Gewürzpilz für Soßen und Suppen geeignet.
Verwechslungsmöglichkeiten Wegen des sehr typischen Aussehens läßt sich die Totentrompete nur mit wenigen Pilzen verwechseln, etwa mit der eßbaren aber seltenen **Vollstieligen Kraterelle** *(Pseudocraterellus sinuosus)* oder dem ebenfalls eßbaren **Grauen Leistling** *(Cantharellus cinereus).* Ersterer unterscheidet sich durch den vollfleischigen Stiel, letzterer durch die deutlich erkennbaren Leisten auf der Unterseite des Hutes und den pflaumenartigen Geruch.

Ramaria aurea

Orangegelbe Koralle

Goldgelbe Koralle, Ziegenbart

Fruchtkörper 8–15 cm hoch und 5–12 cm breit; mit kurzem, kräftigen, weißgelblichen Strunk, von dem zahlreiche, dichtstehende, mehr oder weniger aufrechte, nach oben vielfach gegabelte, hell- bis gold- oder orangegelbe Äste abzweigen, deren Spitzen zumeist in zwei Zacken enden.
Fleisch Weißlich unter der Oberfläche auch gelblich, oft von wäßrigen Schlieren durchzogen; Geschmack mild, alt bitter.
Sporen 8–13 x 3–6 µm, annähernd zylindrisch; Sporenpulver ockergelb.
Vorkommen Vorzugsweise in feuchten Nadelwäldern, auch in Laubwälder und dann unter Buchen; Kalkböden werden bevorzugt; vereinzelt bis selten; Juli bis Oktober.
Bemerkungen Jung eßbar und wohlschmeckend, ältere Exemplare können Magenbeschwerden hervorrufen.
Verwechslungsmöglichkeiten Mit anderen Korallenpilzen, etwa der ungenießbaren **Schwefelgelben Koralle** *(R. flava),* die schwefelgelb gefärbt ist und einen rotfleckenden Strunk besitzt. Die giftige **Bauchwehkoralle** (*R. pallida,* S. 138), die starke Verdauungsstörungen verursachen kann, hat bleichere Farben sowie eine gerunzelte Oberfläche. Allerdings kann die Orangegelbe Koralle, wie viele andere Korallenpilze auch, im Alter ihre Farben verlieren, so daß sie dann nur noch schwer von der Bauchwehkoralle zu unterscheiden ist. Der ungenießbare **Klebrige Hörnling** (*Calocera viscosa,* S. 134) hat eine gummiartige Konsistenz, eine klebrige bis schleimige Oberfläche und lange Hyphenausläufer.

Ramaria pallida

Bauchwehkoralle, Blasse Koralle

Synonym *R. mairei.*
Fruchtkörper 8 bis 15 cm hoch und oft ebenso breit; mit kurzem, kräftigem, graugelbem oder fleischfarbenem Strunk, von dem zahlreiche, dichtstehende, mehr oder weniger aufrechte, nach oben vielfach gegabelte, etwas längsrunzlige, weißliche bis fleisch- oder rosafarbene, an den Spitzen auch lila-fleischrötliche Äste abzweigen, die zumeist mit mehreren Zacken enden; im Alter ist zumeist der gesamte Fruchtkörper bräunlich gefärbt.
Fleisch Weißlich, nicht von wäßrigen Schlieren durchzogen.
Sporen 8–13 x 4–7 µm, eiförmig; Sporenpulver blaßgelb.
Vorkommen In Laub- und Nadelwäldern, gern unter Buchen oder Fichten; Kalkböden werden bevorzugt; relativ selten; Juli bis Oktober.
Bemerkungen Giftig. Kann starke Verdauungsbeschwerden verursachen.
Verwechslungsmöglichkeiten Mit der eßbaren **Orangegelben Koralle** (*R. aurea,* S. 136), die sich, zumindest in der Jugend, durch die intensiv gelbe Farbe unterscheidet, aber auch durch die glatte Oberfläche der Ästchen. Die ungenießbare **Schwefelgelbe Koralle** *(R. flava)* ist ebenfalls gelb gefärbt, hat aber einen rotfleckenden Strunk.

Sparassis crispa

Krause Glucke, Fette Henne

Synonym *Clavaria crispa.*
Fruchtkörper Der einem Blumenkohl oder einem echten Schwamm nicht unähnliche Fruchtkörper hat einen Durchmesser von bis zu 40 cm und setzt sich aus vielästigen, krausen, blattartigen Elementen zusammen, die zumeist gelblich, manchmal aber auch weiß oder im Alter braunlich gefärbt sind. Die Basis ist strunkartig und endet in einem, oft im Erdboden verborgenen, kurzen Stiel.
Fleisch Weiß; elastisch, leicht faserig.
Sporen 5–7 x 4–5 µm, kurz elliptisch; Sporenpulver gelblich.
Vorkommen Unter Nadelbäumen oder an deren Stümpfen; häufig; August bis November. Es handelt sich um einen Parasiten, der die Wurzeln von Kiefern, Fichten oder Tannen befällt.
Bemerkungen Eßbar; eignet sich vor allen Dingen für Mischgerichte und Suppen; der Pilz muß sorgfältig gereinigt werden, da oft Nadeln und Holzstücke eingewachsen sind.
Verwechslungsmöglichkeiten Sehr unerfahrene Sammler könnten die Krause Glucke mit **Korallenpilzen** *(Ramaria)* verwechseln, unter denen es auch giftige Arten gibt. Diese sind aber viel kleiner als die Krause Glucke und haben außerdem runde und nicht abgeplattete, blattähnliche Elemente. Eine oberflächliche Ähnlichkeit besteht auch mit dem **Echten Eichhasen** *(Polyporus umbellatus).* Bei näherem Hinsehen erkennt man aber, daß es sich bei ihm nicht um einen einzelnen Fruchtkörper handelt, sondern um viele, eng zusammenstehende Hüte mit Röhren auf der Unterseite.

Glossar

Ascomycetes (Schlauchpilze) Klasse der Echten Pilze, die ihre Sporen in Schläuchen (Asci) bilden.
Ascus (Pl. Asci) Einzellige, schlauchartige Struktur, in der bei den Ascomyceten die Sporen gebildet werden.
Basidien Ein- oder mehrzellige Strukturen, an denen bei den Basidiomyceten die Sporen gebildet werden.
Basidiomycetes (Ständerpilze) Klasse der Echten Pilze, die ihre Sporen an Basidien bilden.
Blätter siehe Lamellen
Braunfäule Holzabbau durch Pilze und andere Mikroorganismen, bei dem hauptsächlich die Zellulose abgebaut wird. Zurück bleiben das unzersetzte Lignin, daß dem zerfallenen Holz die typische braune Farbe verleiht.
Cortina Sonderform des Velum partiale, das als schleier- oder spinnengewebsartige Struktur zwischen Hut und Stiel ausgebildet wird, z. B. bei *Cortinarius*-Arten.
Endoperidie siehe Peridie
Exoperidie siehe Peridie
Fruchtkörper Aus verflochtenen Hyphen aufgebauter Körper von Pilzen, an oder in dem sich die Sporen entwickeln. Pilzliche Fruchtkörper können sehr vielgestaltig sein, etwa aus Hut und Stiel bestehen, aber auch eine becher- oder konsolenartige Form haben.
Gesamthülle siehe Velum
Gleba Sporenbildene, zumeist von einer Peridie umgebene Schicht der Bauchpilze (Gasteromycetidae).
Hymenium Fruchtschicht der Pilze, in der die Sporen gebildet werden.
Hymenophor Der hymeniumtragende Teil des Pilzes. Das Hymenophor kann beispielsweise röhren- oder lamellenförmig sein.
Hyphe Zumeist langgestreckter Pilzfaden, der das Substrat nach Nährstoffen durchwächst. Im Fruchtkörper sind die Hyphen zumeist zu einem Plectenchym (Flechtgewebe) verschmolzen und dann nicht mehr als einzelne Fäden zu erkennen.
Keimporus Wandverdünnung bei Sporen, aus denen der Keimschlauch austritt.
Lamellen Ausbildungsform des Hymenophors bei den Blätterpilzen (Agaricales). Es handelt sich um blattartige Strukturen auf der Hutunterseite, zwischen denen die Sporen gebildet werden.
Latenzzeit Zeit, die zwischen einer Pilzmahlzeit und dem Auftreten der ersten Vergiftungssymptome vergeht.
Leisten Lamellenähnliches Hymenophor der Stachelinge und Ziegenbärte (Cantharellales). Der bekannteste Pilz mit Leisten ist der Pfifferling *(Cantharellus cibarius).*
Lignin Hochmolekularer, aromatischer Stoff, der bei bestimmten Pflanzen (Bäumen, Sträuchern etc.) eine Verholzung der Zellwände bewirkt.
Mikrometer = 1/1 000 mm; Abkürzung = µm; µ (gesprochen mü) ist der griechische Buchstabe für m.
Milligramm = 1/1 000 g; Abkürzung = mg
Mykorrhiza Symbiose (Zusammenleben zum gegenseitigen Vorteil) zwischen Pilzen und Pflanzen (häufig Bäumen, aber auch krautigen Pflanzen, etwa Orchideen). Der

Kontakt mit den Pilzhyphen und damit auch der Stoffaustausch, erfolgt über die Pflanzenwurzel.

Myzel Der aus einem Geflecht einzelner Pilzfäden (Hyphen) bestehende Vegetationskörper der Pilze.

Natterung Gezacktes Muster, das bei der Streckung des Stieles entsteht.

Parasitisch Lebensweise, bei der ein anderer, noch lebender Organismus befallen wird, mit dem Ziel, sich von dessen organischer Substanz zu ernähren.

Peridie Äußere Hülle von Bauchpilzen (Gasteromycetidae), die einfach oder mehrschichtig sein kann. Im letzteren Fall wird dann noch weiter zwischen äußerer (Exoperidie) und innerer Hülle (Endoperidie) unterschieden. Die Exoperidie kann wiederum aus weiteren Unterschichten bestehen, die in vielen Fällen eine wichtige Rolle bei der Fruchtkörperöffnung spielen; die Endoperidie ist meist dünn und einschichtig und dient dem Schutz der Fruchtschicht (Gleba).

Poren Öffnungen der Röhren bei Röhrenpilzen.

Röhren Die zylindrischen Teile des Hymenophors bei Röhrenpilzen. An der Innenseite der Röhren sitzt das Hymenium.

Saprophytisch Lebensweise, bei der abgestorbene organische Substanz (z. B. pflanzliches Material wie Blätter oder Holz, aber auch tierische Kadaver) besiedelt und aufgezehrt werden.

Spore Mit den Samen vergleichbare Verbreitungseinheit der Pilze. Sporen sind zumeist sehr klein (wenige Mikrometer)

Stacheln Bei einigen Pilzen, etwa *Hydnum*-Arten, ist das Hymenophor nicht in Form von Lamellen oder Leisten ausgebildet, sondern hat eine stachelartige Struktur.

Sterigma (Pl. Sterigmata) Stift- oder kegelförmiger Basidienauswuchs, an dem sich eine Spore entwickelt.

Teilhülle siehe Velum

var siehe Varietät.

Varietät Taxonomische Rangstufe unterhalb der Art und Unterart.

Velum Schutzhülle junger Fruchtkörper, die als Gesamthülle (Velum universale) oder Teilhülle (Velum partiale) ausgebildet sein kann. Dabei umgibt das Velum universale den gesamten jungen Fruchtkörper und schützt ihn auf diese Weise, während das Velum partiale nur die Lamellen bzw. Poren bedeckt. Im ersten Fall bleiben beim ausgewachsenen Pilz normalerweise Reste auf dem Hut und an der Stielbasis zurück, während vom Velum partiale häufig Reste am Hutrand und ein Ring am Stiel übrig bleiben. Bei einigen Arten, z. B. beim Fliegenpilz, *Amanita muscarina,* sind sowohl Velum universale als auch Velum partiale vorhanden, andere Pilze bilden weder das eine noch das andere aus.

Volva Häutige, oft scheidenartige Hülle an der Stielbasis einiger Basidiomyceten, z. B. bei Knollenblätterpilzen. Bei der Volva handelt es sich zumeist um Reste des Velums universale.

Weißfäule Holzabbau durch Pilze, bei dem sowohl Zellulose als auch Lignin zersetzt werden, so daß aufgehellte, manchmal sogar völlig weiße Holzreste entstehen.

Zellulose Hochmolekulares Kohlenhydrat aus verknüpften Glucoseresten. Zellulose ist Bestandteil vieler pflanzlicher Gewebe, die durch Einlagerung dieser Substanz ihre Festigkeit erhalten.

Weiterführende Literatur

ALLGEMEINE WERKE

Dörfelt, H. (Hrsg.): Lexikon der Mykologie. Gustav Fischer Verlag, Stuttgart 1989.

Dörfelt, H. und Görner, H.: Die Welt der Pilze. Urania Verlag, Leipzig 1989.

Enderle, M. und Laux, H.E.: Pilze auf Holz. Franckh-Kosmos, Stuttgart 1980.

Flammer, R. und Horak, E.: Giftpilze – Pilzgifte. Franckh'sche Verlagshandlung, Stuttgart 1983.

Jahn, H.: Pilze, die an Holz wachsen. Busse Verlag, Herford 1979.

Kell, V.: Giftpilze und Pilzgifte. Ziemsen Verlag, Wittenberg 1991.

Kothe, H. und E. Kothe.: Pilzgeschichten. Wissenswertes aus der Mykologie. Springer Verlag, Berlin u. Heidelberg 1996.

Schwantes, H.O.: Biologie der Pilze. Ulmer Verlag, Stuttgart 1996.

BESTIMMUNGSBÜCHER

Bon, M.: Pareys Buch der Pilze. Verlag Paul Parey, Hamburg 1988.

Cetto, B.: Enzyklopädie der Pilze. Band 1-4. BLV Verlagsgesellschaft, München 1988.

Dähncke, R.M.: 1200 Pilze in Farbfotos. AT Verlag, Aarau 1993.

Flück, M.: Welcher Pilz ist das? Erkennen, sammeln, verwenden. Franckh-Kosmos, Stuttgart 1995.

Gerhardt, E.: BLV Handbuch Pilze. BLV Verlagsgesellschaft, München 1995.

Gerhardt, E.: Der große BLV Pilzführer für unterwegs. BLV Verlagsgesellschaft, München 1997.

Henning, B. / Kreisel, H.: Handbuch für Pilzfreunde. Band 1–6. Gustav Fischer Verlag, Stuttgart 1983–1988.

Henning, B. / Kreisel, H.: Taschenbuch für Pilzfreunde. VEB Gustav Fischer Verlag, Jena 1987.

Laux, H.: Eßbare Pilze und ihre giftigen Doppelgänger. Franckh-Kosmos, Stuttgart 1992.

Phillips, R.: Der Kosmos-Pilzatlas. Franckh-Kosmos, Stuttgart 1992.

Richter, J.: Der praktische Pilzführer. Mosaik Verlag, München 1980.

Svrcek, M.: Dausiens großer Pilzführer in Farbe. Verlag Werner Dausien, Hanau 1983.

Winkler, R.: 2000 Pilze einfach bestimmen. AT Verlag, Aarau 1996.

In diesem Buch abgebildete, geschützte und gefährdete Pilzarten

Art	Gefährdungsgrad
Boletus calopus	gefährdet
Boletus edulis	eingeschränkt geschützt*
Boletus satanas	stark gefährdet
Cantharellus cibarus	gefährdet, eingeschränkt geschützt
Cantharellus tubaeformis	eingeschränkt geschützt
Craterellus cornucopioides	gefährdet
Gyrodon lividus	gefährdet, eingeschränkt geschützt
Gyroporus castaneus	stark gefährdet
Gyroporus cyanescens	gefährdet
Leccinum rufum	eingeschränkt geschützt
Leccinum scabrum	eingeschränkt geschützt
Leccinum versipelle	eingeschränkt geschützt
Morchella conica	eingeschränkt geschützt
Morchella esculenta	eingeschränkt geschützt
Ramaria pallida	gefährdet
Tricholoma pardolatum	gefährdet
Tricholoma portentosum	gefährdet

* Darf in geringer Menge für den Eigenbedarf gesammelt werden. Der Handel mit diesen Pilzen ist verboten.

Register

DEUTSCHE NAMEN

LATEINISCHE NAMEN